心理学

"推开心理咨询室的门"编写组　编著

与

归属感

中国纺织出版社有限公司

内 容 提 要

归属感是一个心理学名词,根据美国心理学家马斯洛的观点,归属感是人们在保障基本温饱和安全后最重要的需求。我们每个人都渴望被肯定、认同和爱,了解和掌握人类的归属感建设方法,能对我们自身的心理调节、人际关系经营等方面起到指导作用。

本书围绕归属感这一心理名词展开,以深入浅出的语言带领我们认识归属感的重要性,并指导我们运用心理学方法来将归属感运用到生活和工作的方方面面,内容涉及企业管理、婚恋心理、家庭教育、社交维护等,相信阅读本书,能提高我们的认知、解决问题的能力并能提升自身的幸福感。

图书在版编目(CIP)数据

心理学与归属感 / "推开心理咨询室的门"编写组编著. --北京:中国纺织出版社有限公司,2024.5
ISBN 978-7-5229-1589-0

Ⅰ.①心… Ⅱ.①推… Ⅲ.①心理学—通俗读物 Ⅳ.①B84-49

中国国家版本馆CIP数据核字(2024)第067496号

责任编辑:李 杨　　责任校对:高 涵　　责任印制:储志伟

中国纺织出版社有限公司出版发行
地址:北京市朝阳区百子湾东里A407号楼　邮政编码:100124
销售电话:010—67004422　传真:010—87155801
http://www.c-textilep.com
中国纺织出版社天猫旗舰店
官方微博 http://weibo.com/2119887771
天津千鹤文化传播有限公司印刷　各地新华书店经销
2024年5月第1版第1次印刷
开本:880×1230　1/32　印张:7
字数:120千字　定价:49.80元

凡购本书,如有缺页、倒页、脱页,由本社图书营销中心调换

前言

生活中,我们会发现这样一些现象:原本哇哇啼哭的婴儿,在被母亲抱起放入怀中时,会立即停止哭泣、安稳入睡;我们在外辛苦奔波了一天,回到家中,会卸下疲惫、获得放松;生活和工作中倍感委屈时,我们会找知己好友一吐为快。为什么?因为人需要归属感,归属感让我们感觉安全、放松、有所依靠。的确,我们都生活在一定的群体和集体中,需要与他人建立联系,从他人身上获得认可、尊重、肯定和爱,唯有如此,才会感觉幸福。

那么,什么是归属感呢?

被看见、被接纳、被重视、被包容,这才是真正的归属感。它对标的是一个群体,我们只有具有归属感,才能缓解焦虑,提升主动性,获得幸福。

美国著名心理学家马斯洛在1943年提出"需求层次理论",他认为,"归属和爱的需要"是人的重要心理需要,只有满足了这一需要,人们才有可能"自我实现"。

近年来,心理学家对归属感问题进行了大量研究,普遍认为,缺乏归属感的人会对自己从事的工作缺乏激情,责任感不强;社交圈子狭窄,朋友不多;业余生活单调,缺乏兴趣爱好。

当然,归属感是我们的主观感受,我们不能只依赖于从他

心理学与归属感

人身上获得归属感，还应专注于自己的心灵，从当下的社会活动中体验归属感。当我们找到了真正热爱的事物，也就找到了心灵的依托，找寻归属感的过程，其实也是心灵调节的过程。事实上，归属感的缺乏会引发过度的焦虑，甚至会诱发抑郁症，这也要求我们在当下生活中寻找属于自己的心灵依托。

事实上，我们不只要学习如何向内或向外寻求归属感，还可以剖析一下心理学概念，并且将其运用到我们的工作和生活中，比如，如何给我们的爱人、朋友、孩子归属感？如何在管理中让员工获得归属感、提高员工工作的积极性？我们又该如何通过强化归属感来进行心理自愈？

以上这些问题就是我们本书要解决的全部问题，本书从"归属感"这一基础心理学概念出发，带领我们了解什么是归属感、归属感的来源，给出具体的指导建议，以及如何建立自我归属感和让他人获得归属感的方法。本书语言通俗、易于理解，相信你在阅读完本书后，能对归属感有更深层次的理解，也能让你和周围的人更快乐、更幸福。

编著者

2023年12月

目录

第 01 章 了解归属感,归属感是人的基本心理需求 001

什么是归属感 / 002

归属感与马斯洛的需求层次理论 / 006

人在什么时候会感到归属感的缺失 / 011

五种行为会削弱内心的归属感 / 015

如何让自己拥有归属感 / 018

缺乏归属感,让现代人越来越孤独 / 021

第 02 章 自我归属感的建立,帮助你找到生命本身的价值 027

敞开心扉,自闭并不是一种自我保护的手段 / 028

保持对当下的专注力 / 032

与过去的伤痛和解,让心灵有个归属 / 036

提升自己,给自己充足的安全感 / 040

自我认同,别总是担心别人怎么看 / 044

积极自信,小心负面标签的影响 / 049

第 03 章 打开封闭的内心,学会从群体中获得归属感 055

进入新环境,如何快速适应 / 056

陌生人,是你的下一个朋友 / 060

适时从众,不要被群体孤立 / 064

首因效应:如何一开口就赢得陌生人好感 / 068

寻找志趣相投的人,与那些理解自己的人相交 / 073

001

如何赢得更多人的认同 / 077
与人交往，不可一味地付出 / 080

第04章 归属感与心理调节：缺乏归属感是高度孤寂的精神危机 / 085

缺乏归属感会增加一个人患抑郁症的风险 / 086
抑郁症的典型表现 / 091
寻求朋友的帮助，用归属感疗愈内心的抑郁 / 095
追根溯源，童年阴影带来的阴郁情结如何摆脱 / 099
缺乏归属感会引发过度焦虑 / 102
你为何总是焦虑不安 / 105

第05章 归属感与社交维护，如何为他人创造归属感 / 109

一回生二回熟，多联系才能维持亲近 / 110
多提相似共通之处，制造情感共鸣 / 115
给予对方认同，能让对方敞开心扉 / 119
用真情打动朋友，加深彼此关系 / 123
多说"我"和"我们"，自己人才有安全感和归属感 / 127
关键时刻雪中送炭，能让对方觉得你值得信赖 / 130

第06章 归属感与企业管理：如何提高员工忠诚度 / 133

培养员工的归属感 / 134
把员工当成合作者，员工才会把企业当自己的家 / 138
南风法则：温情管理让下属宾至如归 / 142

目录

被尊重是员工产生归属感的前提 / 146
为员工创造愉快的工作环境 / 150
员工需要肯定和赞扬,才有激情和干劲 / 154
信任下属,好领导"管理得少"就是"管理得好" / 158
权威效应:成为员工的精神领袖 / 162

第07章 归属感与婚恋心理:如何让爱人对你死心塌地

167

主动去爱人,你才能感受到归属感 / 168
给予安全感,让对方感到你是可以停靠的港湾 / 172
婚姻中的不理解容易导致伴侣归属感的缺失 / 176
妻子与丈夫沟通,应以尊重为前提 / 180
大胆拥抱你的爱人,用肢体语言表达你的爱 / 185
别让夫妻成为最熟悉的陌生人 / 189

第08章 归属感与亲子教育:让孩子在爱的环境下成长

193

用心庇护孩子,增强他的家庭归属感 / 194
为孩子打造温馨和睦的家庭环境,给足孩子安全感 / 198
接纳孩子的情绪,孩子才愿意说 / 202
父母离异,如何防止孩子归属感的缺失 / 207
如何帮助有生理缺陷的儿童克服内心自卑 / 212

参考文献 / 216

003

第 01 章

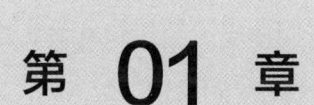

了解归属感,归属感是人的基本心理需求

归属感这个词我们都不陌生,归属感也叫隶属感,根据心理学家马斯洛的需求理论,我们得知归属感是人的基本心理需求。那么,什么是归属感呢?我们又该如何判断自己是否有归属感以及如何建立归属感呢?带着这些问题,我们来看看本章的内容。

什么是归属感

生活中，人们常常提到"归属感"这个名词，比如："我在他身上找到了'归属感'，所以我想结婚了""我不想回家，因为我没有'归属感'""我从毕业到现在就在这家公司工作，因为它让我有'归属感'，一到公司，我有回家的感觉"……那么，什么是归属感呢？归属感这一名词来自心理学领域，指的是一种心理感受，是一种人希望被接纳为一段关系或群体的一部分的情感需求，人们渴望在一段关系或一个群体中作为独立的个体真实地感受到自己受到肯定和重视。同时，归属感也是自我身份认同的重要支柱。

一般来说，"归属感"，有以下几种含义：

（1）指个人自己感觉被别人或被团体认可与接纳时的一种感受。

（2）是弗洛姆理论中的术语，意指心理上的安全感与落实感。

（3）多年漂泊在外的人回到家后的心安，心安即有了归属感。

第 01 章
了解归属感，归属感是人的基本心理需求

美国著名心理学家马斯洛在1943年提出"需求层次理论"，他认为，"归属和爱的需要"是人的重要心理需要，只有满足了这一需要，人们才有可能达到更高层次的"自我实现"。

心理学家李雪在《当我遇见一个人》这本书中有一处灵魂拷问："你有没有被饱含深情地看见过？"请注意这句话的关键词，"饱含深情"和"看见"，随便瞅一眼，那不是真正的看见。

被看见、被接纳、被重视、被包容，这才是真正的归属感。它对标的是一个群体，例如学校或者家庭，当一个人在一个群体中拥有归属感之后，焦虑程度会降低，行为的主动性变强，自尊水平会悄然提升。

在群体内，成员可以与他人保持联系，获得友情与支持；成员间在发生相互作用时，其行为表现是协调的，同一个群体的成员在一致对外时，不会发生矛盾和摩擦，彼此都体会到大家同属于一个群体，特别是当群体受到攻击或群体取得荣誉的时候，群体成员会表现得更加团结。

对于组织、集体来说，只有个体有归属感，才会有责任感，反过来，责任感到了一定的程度就会对某些东西产生归属感。归属感分对人、对事、对家庭、对自然的归属感。青少年时期对人的归属感较强，中年时期对事业和家庭的归属感较

强，老年时期对自然的归属感较强。

近年来，心理学家对归属感问题进行了大量研究，普遍认为，缺乏归属感的人会对自己从事的工作缺乏激情，责任感不强；社交圈子狭窄，朋友不多；业余生活单调，缺乏兴趣爱好。

当然，归属感的产生并不是无缘无故的，人们之所以会在某个地方、某人身上、某段关系或是群体中找到归属感，是因为对方满足了一些获得归属感必要的条件，这些条件包括：

1.感到安全

归属感产生的一个重要前提是你能在那个人、那个群体或者做某件事时内心感到踏实和安全，你无须时刻防备、警惕，你也不必伪装自己，当你可以真实做自己的时候，安全感也就产生了。

例如，一些大龄男女"众里寻他千百度"，最终与某个异性最终步入婚姻殿堂，就是因为在那个人身上找到了"安全感"，与之相处踏实、心安，这就是归属感的表现。

2.一定的相似性

要获得归属感，意味着你能在某个人、某个群体中找到某种相似性，这种相似性可能是你和这个人、群体有着共同的兴趣爱好、价值观、奋斗目标，也可能是某个地方和你小时候生活的地方很像，还有可能是对方在某个点上很像你的某个亲密的人。

3.认可及被认可

你需要认可对方或者认可他的价值观、理念，认同所做的事，并且你能从中获得认可和接纳。

4.能够参与

你能参与到这个群体或者能和某些人建立互动的关系，但不能消极被动地接受，也就是说，你可以积极主动地做一些行为，并且你知道你的行为是能对对方或者对集体产生一些影响的。

5.情感上的联结

归属感的获得最重要在质而不是量——我们需要在表面的热闹之外，与他人建立更深的情感上的联结。找不到归属感而感到孤独是因为亲密感的缺乏，而不是缺乏社交。

总之，我们每个人都害怕孤独和寂寞，希望自己归属于某一个或多个群体，如有家庭，有工作单位，希望加入某个协会、某个团体，这样可以从中得到温暖，获得帮助和爱，从而消除或减少孤独和寂寞感，获得安全感，因此，我们都需要归属感。

归属感与马斯洛的需求层次理论

在美国的心理学上,有个很著名的人物——亚伯拉罕·马斯洛,他是美国第三代心理学的开创者,人格理论家,人本主义心理学的主要发起者。

马斯洛于1908年4月1日出生于纽约市布鲁克林区一个犹太家庭。他是一个智商高达194的天才。对于人的动机,他持整体的看法,他的动机理论被称为"需求层次论"。1968年当选为美国心理学会主席,著有《人的动机理论》《动机和人格》《存在心理学探索》《科学心理学》《人性能达到的境界》。

马斯洛认为,人的内心中隐藏着七个不同层次的需要,而且,这些需要在人的不同时期,表现出来的迫切程度是不同的。而人的最迫切的需要才是激励人行动的主要原因和动力。

马斯洛将人的需求分为七个层次。具体地说,按照重要性和层次性排序,七种不同层次的需要主要指:

1.生理需求

生理上的需要是人们最原始、最基本的需要,如食物、水分、空气、睡眠等。若不满足,则有生命危险。换句话说,它是最强烈的不可避免的最底层需要，也是推动人们行动的强大动力。当一个人为生理需要所控制时，其他一切需要均退居次要地位。

2.安全需求

安全的需要包括劳动安全、职业安全、生活稳定，希望免于灾难、希望未来有保障等。安全需要比生理需要较高一级，当生理需要得到满足以后就要保障安全需要了。在现实生活中，人都会产生安全感的欲望、自由的欲望、防御实力的欲望。

3.社交需求

社交的需要也叫"归属与爱的需要"，是指个人渴望得到家庭、团体、朋友、同事的关怀、爱护、理解，是对友情、信任、温暖、爱情的需要。社交的需要比生理和安全需要更细微、更难捉摸。它与个人性格、经历、生活区域、民族、生活习惯、宗教信仰等都有关系，这种需要是难以察悟、无法度量的。

4.尊重需求

尊重的需要可分为自尊、他尊和权力欲三类，包括自我尊重、自我评价以及尊重别人。尊重的需要很少能够得到完全的满足，但基本上的满足就可产生推动力。

5.认知需要

又称"认知与理解的需要",是指个人对自身和周围世界的探索、理解及解决疑难问题的需要。马斯洛将其看成克服阻碍的工具,当认知需要受挫时,其他需要能否得到满足也会受到威胁。

6.审美需要

"爱美之心人皆有之",每个人都有对周围美好事物的追求,以及欣赏。

7.自我实现

自我实现的需求是最高等级的需求,是一种创造的需求,有这种需求的人,往往会尽自己最大的力量让自己实现完美,他们会热烈追求自己的理想和目标,以此获得成就感。马斯洛认为,人在自我实现的过程中,产生出一种所谓的"高峰体验"的情感,这个时候的人处于最高、最完美、最和谐的状态,具有一种欣喜若狂、如醉如痴的感觉。

马斯洛需求层次理论认为,需求会激励人们行动起来去满足一项或多项在他们一生中很重要的需求。更进一步来说,任何一种特定需求的强烈程度取决于它在需求层次中的地位,以及它和所有其他更低层次需求的满足程度。

马斯洛认为七个层次要按照次序实现,由低层次一层一层向高层次递进。只有先满足低层次的需要才能去满足高层次,所以一定程度上该理论过于机械化。但是我们也要肯定马斯洛理论的完整性，以及他对管理、教育等方面作出的贡献。

马斯洛认为人的内心都潜藏着七种不同层次的需要，这些需要在不同的时期表现出来的迫切程度是不同的，最迫切的需要才是激励人行动的主要原因和动力。人的需要是从外部得来的满足逐渐向内在得到的满足转化。马斯洛在人生的两个阶段提出了不同的观点，所以我们在一些书上只能看到马斯洛需要层次的五个层次：生理需要、安全需要、爱与归属的需要、尊重的需要、自我实现的需要。

马斯洛的需求层次理论，在一定程度上反映了人类行为和心理活动的共同规律。马斯洛从人的需要出发探索人的激励理论和研究人的行为理论，抓住了问题的关键；指出了人的需要是由低级向高级不断发展的，这一趋势基本上符合需要发展规律。因此，需求层次理论对企业管理者在如何有效地调动人的积极性方面有启发作用。

对于人类来说，在生存得以保障之后，人们就会开始寻求爱与归属感——我们需要爱人与被爱，需要找到令自己感到安心、被接纳的地方和群体，从而摸索到自己在这个世界上的位置。

也就是说，如果没有正视自己更根本的需求，就会陷入无止境的对于成就的追求，或者认为爱与归属感仅仅是"可遇不可求"的东西,那么人们即使取得了很多成就,"越级"满足了更高层次的需求,也无法填补独处时内心的空虚感和孤独感,这一点足以证明归属感对我们的重要性,它是人的基本心理需求。

第01章
了解归属感，归属感是人的基本心理需求

人在什么时候会感到归属感的缺失

我们先来看下面的几段内心独白：

"在我的家里父亲不善表达，母亲也不善表达，反正我小时候感觉不到我是被爱的。我是家里老二，和老大玩不到一起，和最小的弟弟年龄差很多也玩不到一起，整个童年感觉家里唯一属于我的恐怕就只有睡觉的那张床，还有那片竹林。长大了一年回一次家，现在结婚了更不想回去，觉得那里不再是自己家，和老公吵架的时候感觉夫家也不是自己的家，这么看来我没有一个属于自己的家。我应该是缺少归属感，就算现在孩子都几岁了，当孩子跟其他亲人好的时候，也觉得孩子不再属于我，虽然他应该和其他家属感情好。我感觉自己在自己的世界里，很难走出来。我也很难接受别人，包括我的老公，结婚了感觉自己也还是一个人。"

"由于家庭原因从小自卑又没有归属感，上学的时候因为家庭条件，吃的和穿的会被同学瞧不起，因为那时候家里欠钱，我想省点儿，从来都没有告诉过家里人，后来上大学了，出去打工赚的钱都不舍得花，大学期间没在学校给自己买过一件衣服，聚会后来也都不去了。为什么？没有人会在乎我的感受，家里人只会跟我说他们怎么不容易，要不就是吵架。从小到大经历的事没有一件是快乐的，还要求我要微笑，我的性格不好，感觉别人各种瞧不起我。难道我不想快乐吗？实际上我根本快乐不起来，各种嘲笑和被欺负的经历总是会在我的脑海里重现，我根本忘不掉，忘不掉！"

"小时候我总是一个人，一个人住校，一个人上学，我和所有人都可以相处，但是我没有朋友，他们也不会约我逛街或者喝茶，到大学甚至工作以后也是这样，半辈子都没有什么改变。我特别想要有一群朋友，但是我又交不到那种知心朋友。时间久了之后感觉一个人独身挺好，找份工作买好养老保险，以后我的生活里也不想有别人。"

从以上几段独白中，我们都能感到叙述者内心归属感的缺乏，他们活在自己的世界里，很难和周围的群体建立真正的亲密关系，很难找到安全感。他们好像被丢在了一个不适合他们的世界里……相信生活中，我们很多人也有这样的感觉，自己虽然常常参加社交活动，但内心还是常常觉得孤独。仿佛热闹都只是别人的，而只有孤独才是自己的。其实，没有归属感背后有着相当复杂的心理因素，主要包括以下三个方面：

第 01 章
了解归属感，归属感是人的基本心理需求

第一，人们在不被肯定时会感到归属感的缺失。比如，在一段关系或一个群体中总是觉得自己被"嫌弃"，以至于不敢再发表不同的意见，或是勇敢地表达自己。你会觉得，被否定的不只是你的观点，就连你这个人的存在，似乎也都一并被否定了。

第二，感到自己不被需要也会造成归属感的缺失。这种情况下，人们感受不到他人和群体对自己热切的渴求，觉得自己的存在是可有可无的，是可以轻易被替代的。

第三，不被在乎可能会引起归属感的缺失。当自己的感受和利益得不到他人的关注和考量时，人们也无法对一段关系或一个群体建立真正的依赖。比如，自己的意见总在做决定时被忽略，常常被迫"牺牲"，或者是在一段关系或一个群体中的他人对自己的情感需求毫不在意。

从外在因素考虑，人之所以会感到没有归属感，有以下几种原因：

第一，受家庭成长环境的影响。

比如，一个孩子从小生活在一个没有爱的家庭里，父母经常吵架，每次吵架母亲都离家出走，而父亲一个人独自喝酒，他的内心就会充满着恐惧和恐慌，所以总感觉没有归属感和安全感。

一个人被忽略就意味着他没有跟任何人建立比较深的情感联结，如有的父母离婚了都不管孩子；或者都忙于自己的事情而忽略孩子；或者父母外出打工使孩子成为留守儿童；或者家庭氛围比较疏离和冷清，家人之间没有相互的温暖和关心……这些都会造成孩子感到被忽略。

这样的孩子往往找不到自己所属的位置：我到底是谁？我是谁的家人？谁跟我是一起的？倘若没有办法获得身份的认同，也更找不到"归属于某个地方的感觉"。

孩子感觉到在人群中没有价值感、不被需要、被排斥，这也是缺乏归属感的因素之一。甚至更严重的还会遭到他人的嫌弃和霸凌。出于自我保护，这样的孩子会远离他人，切断与环境的联系，一个人独来独往，这就更加深了他的孤独感。

第二，自信心不足。

一个没有自信的人，无论做什么事情，都总怕犯错，总是害怕被别人嘲笑，缺乏锻炼，所以说，无论干什么事情都没有归属感。

第三，心灵受过打击。

心灵受过打击的人，很容易留下一种心理上的后遗症，即使自己再优秀，总感觉与期望有一定的差距，不敢正视自己，害怕得不到别人的认可而感觉到没有归属感。

可见，缺乏归属感是一种很常见的心理状态，你可能不适应外面的世界，这并不是你的错。只要你忠于自己的内心，终有一天，你会找到属于自己的位置和归属感。

五种行为会削弱内心的归属感

有人说，内心有归属才会感到安宁、踏实，然而，在我们的生活中，有不少人内心的归属感越来越弱，长期处在一种孤独的状态。这类人总是独来独往，喜欢沉浸在自己的世界中，表面上看他们对人很礼貌、语言谦和，但在情感上，他们好像和他人之间有一层隔膜、无法亲近起来，对于这些人来说，他们并不是缺乏社交，而是缺乏与他人建立心理上的亲近感，他们不愿意同他人有过多的交集，除了不得不应付的场合，他们更愿意一个人生活。然而，一个人如果长期存在着以下五种行为，他的归属感会越来越薄弱。这五种行为分别是：

1.对人过于冷漠

有些人性格孤僻，对人冷漠，缺乏安全感，在社交中慢热，需要相处很久之后才能完全敞开心扉，这是因为他们内心缺乏安全感，他们只有确保周围的环境是安全的，不存在任何隐患，才能放开自己。因此，他们可能有很多要好的同学，但是普通朋友或者相熟同事并不多，因为缺乏长时间的了解，所以他们离开学校之后也没有多少朋友了。这是性格层面导致的归属感缺乏，是不容易改变的。

2.不愿意表达自己

一些人尽管外表看起来不好亲近，但是内心却仍然渴望别人主动了解自己，这是一种矛盾心理：一方面希望别人主动了解自己，另一方面又害怕被人伤害，这两种心理相互纠缠，因此，他们觉得怎样做都不合适，于是最后选择了什么都不做。结果就是渴望别人理解自己，但是从来不愿意表达自己。他们需要的不是朋友，而是像父母那样可以主动理解自己的人。因为在父母面前，他们什么话都不说，父母就能够理解他们。

3.不愿求助他人

归属感的重要含义就是个体在遭遇困难时能主动求助别人，能获得他人的支持和帮助。当你身处一个圈子，如果你的人缘足够好，你遇到问题的时候别人可能会主动帮助你。但是如果你人际关系并不那么理想，你遇到问题就不会有人主动帮助你，需要你主动开口求别人。很多人觉得求助别人很没面子，也有很多人觉得不愿意麻烦别人。其实，当你求助合适的人的时候，反而能够体现出他的存在价值，事情如果在别人能力范围内，别人不会拒绝你，并且，归属感也是在人与人之间的往来中形成和建立的。

4.频繁更换工作

频繁更换工作的人往往缺乏职业归属感，他们并不是在公司待够了，而是越工作越疲惫。他们无法从当下的工作中找到存在感和价值感，也无法体验到工作的乐趣和幸福。当他们换了一份工作之后，也许会安心一阵子，这是因为新的工作环境能刺激到他们，等他们熟悉工作以后，还是会和从前一样。有归属感的人，不仅仅在与人相处中有归属感，更多的是对于职业有一种归属感。当你认可自己的职业的时候，工作起来更有劲头，看到同样职业的人也会更有亲切感。

5.频繁变更居所

居无定所的人更容易缺乏归属感。如果他们走在陌生的道路上，他们也会觉得无法融入，好像是游走在城市的"边缘人"，即不归属于任何圈子的人。他们内心往往是敏感的、脆弱的，在一个地方待久了会让他们产生很多问题。比如，会害怕别人知道自己的位置，伤害自己；害怕自己的心事儿被周围的人知道；害怕跟周围的人建立任何关系。他们需要归属感，却总是在有可能产生归属感的时刻将它打碎。就好像心里面迫切想见到某人，真等到见面后却没有感觉了。

这样看来，如果我们要建立内心的归属感，首先要试着敞开心扉、接纳自己和他人，要尽量避免以上五种行为。要知道，归属感是每个人成长过程中所必需的东西。缺乏归属感的人，各方面发展都会受到抑制。每个人都要走向成熟，归属感的建立是每个人成长的必经阶段。

如何让自己拥有归属感

前面，我们已经分析过，归属感是人的基本心理需求，缺失归属感就像没有帆的船只，飘荡在无边的海洋里。当你感受不到与周围人的连接时，很可能就是缺乏归属感。归属感还与我们的身心健康密切相关。它最重要的功能之一，就是为我们提供好的社会支持，这种支持既是资源上的，又是情感上的。研究显示，缺乏归属感还会增加一个人患抑郁症的风险，也会引发过度的焦虑。

那么，有什么更好的方法能帮助我们提升归属感呢？

想要获得归属感，首先要向内求。所谓的向内求，指的是寻找让自己内心觉得平和且有意义的事情。

1.敞开心扉

想要拥有归属感就要学着打开心扉，以开放的心态看待和接纳一切走入自己生活中的人和事，而不是带着防备心和敌意。你可以带着好奇心去认识周围的一切，放下过去的创伤和内心的傲慢，放低姿态来接受一切。

在此过程中，需要学会保护自我。因为很多人正是因为不

第01章
了解归属感，归属感是人的基本心理需求

懂得怎么保护自我，才将自己封闭起来，认为只要将自己包裹起来，就能避免伤害，从而获得安全感。学会保护自我就要运用多种方式，只有这样你才拥有接纳一切的力量，才会有勇气来应对可能会受到的伤害。

2.保持对当下的专注力

个体对生活的归属感程度与我们参与到生活中各项事务的密切程度有关。如果一个人能专注于手头的的事，就会产生强大的心流，会有一种心无旁骛的感觉。此时的个体与正在做的事情融为一体，激发了个体的无限热情和活力。专注当下的力量，可以让个体忘记过去的伤痛，也可以不在乎未来可能产生的忧虑。相反，那些缺乏归属感的人要么整天无所事事，要么做事情心不在焉，工作中处于游离的状态。因此，想要拥有归属感，就要好好把握当下。

总而言之，有很多不好的行为方式会让你的归属感越来越弱。想要获得成长，就应该满足对归属感的需求。

其次是向外求，如果没有方向，不如试试给予。每一次给予获得的反馈，都会有形或无形地给自己带来一些能量。

当我们进入一个新环境、被不熟悉的人和事包围时，也是归属感最容易受到威胁的时候，此时，你需要知道的一点是，你至少要有一个能与你建立情感上的深层联络的人。有这样一两个人存在，可能比拥有一群可以一起吃吃喝喝、休闲娱乐的朋友更重要。

当来到或是身处一个让你感受不到归属感的环境时，想要找到这样一个人，最重要就是先放下自己的各种预设和偏见。积极主动地参加一些能够结识新人的活动，这是一个很常见的方法。如果你在学校，可以从加入一些你感兴趣的社团或者同乡会开始；如果你已经工作了，也可以参与一些志同道合的人创立的组织或兴趣小组。然后，你需要在一群人之中小心地摸索和试探，他们之中有没有人是能够和你进行一些更深度的交流的，也许此人与你性情相投，和你有相同的爱好、相似的价值感，也可能你们莫名地信任彼此，都愿意在对方面前敞开心扉等。还有一件重要的事是，试着制造更多的回忆——与人之间的回忆，以及与这个地方之间的回忆。这种回忆除了日复一日、平淡无奇的日常生活之外，还需要有更多特别的有意义的、带有仪式感的事件。

最后，自己内心的平静能让我们更好地在外界找寻归属感。因此，不要停下那些能让你找到内心平静的事情。这件事可能是每天泡澡、读书、写字，也可能是看某一部特定的电影。在我们还暂时未能从外界获得归属感之前，我们所能做的，就是先努力让自己静下来，以一颗不那么浮躁的心去寻觅归属。

第01章
了解归属感，归属感是人的基本心理需求

缺乏归属感，让现代人越来越孤独

我们生活的时代，虽然物质生活逐渐丰富，医学也逐渐发达，但我们的社会中却有一种疾病却愈来愈普遍，那就是身居闹市的孤独感，而孤独感的来源就是归属感的缺失。我们总是感觉身如浮萍、无枝可依，找不到精神依托，找不到和自己有共同价值观和情感体验的人，一旦夜幕降临，更感到莫名的孤独和恐惧。

事实上，这些缺乏归属感的人无法从健康的人际关系中获得认同和快乐，久而久之，便产生了孤僻心理。社会心理学家经过跟踪调查发现，在人际交往中，相对于健康者，那些心理状态不健康者，往往更难获得和谐的人际关系，也无法从这种关系获得满足和快乐。

一般来说，他们都有以下几个表现：

1.太过冷静

理想的心理状态应该是乐观的、积极的、稳定的，不会因为琐事忧虑，不会做事冲动。但我们发现，在生活和工作中，无论周围发生什么，有些人总是表现得过于冷静和沉默，其实,这是典型的孤僻心理。

2.行为偏执极端

生活中,一些人一遇到不顺心的事,就采取过激的行为来发泄,这也是孤僻心理的表现。

3.意志品质不够坚定

那些意志强的人,对于自己的行为都有一定的调节能力和自制能力,既不刚愎自用,也不盲从寡断。在实践中我们也要注意培养自己的果断与毅力,经得起挫折与磨难的考验。不少内心孤寂的人之所以感到孤独,是因为他们并没有认识到一点:爱和友谊都不是从天而降的礼物,一个人要想得到他人的欢迎或被别人接纳,一定要付出努力。

林·怀特博士是位于加州的所密尔斯大学的校长,在一次晚餐聚会上,他进行了一次发人深省的演讲,内容大致讲的是现代人的孤独感,他说:"20世纪最流行的疾病便是孤独,就像大卫·利斯曼所说的'我们都是寂寞的一群人',现代社会,是一个新奇又特别的世界,人口迅速增长,再加上政府各种政策的颁布,企业经营模式的变更,人性就好像迷失的羔羊一样,根本找不到方向。人们的灵魂和身体一样,也不断从一个地方到另外一个地方——于是,人们的友谊变得短暂且脆弱不堪,我们所处的时代就像'冰川时代'一样,我们的心也无法温热起来。"

第01章
了解归属感，归属感是人的基本心理需求

其实，我们每个人无论走到哪里，都要学会与人培养出真挚的情谊来，这就好像一支蜡烛，火焰虽小，却能为过往的人都带来光明。

然而，我们绝对不能把大把的时间花在酒吧喝酒或者左拥右抱上，这样是交不到朋友的。其实我们可以做的事情有很多，比如你可以去社团或者参加志趣相投之人组织的俱乐部，这样你能结识很多人，你也可以选修一些成人教育课，这样你不仅能充实自我，还能收获一段友谊。

有这样两个女孩，在同一时间来到纽约这座大城市打拼，而如今她们的生活状况相差很大。那一年她们在纽约东区共同租了一间公寓。她们的长相都十分甜美，也都找到了一份收入不错的工作，也都希望自己有朝一日能在纽约闯出一片天地。

其中一个女孩在那样的年纪便具备了惊人的智慧。在她看来，住在大城市的单身女孩一定要懂得安排自己的生活，并要懂得该怎样计划自己的将来。所以，每天晚上，她都会积极参加各类活动。她还加入了一个研讨会并选择一门可以提升自身个性的课程，她的大部分薪水也都花在了人际交往上，可以说，她的业余生活丰富多彩。

她的休闲活动适度且愉快，但对于周围的社交关系，她则保持着谨慎的态度，尤其是尽量避免那些暧昧不清的男女关系。

在她刚到纽约的时候,她也觉得孤单,事实上,哪个女孩不是如此呢?但是她不像那些男孩一样四处猎艳,她有自己的计划。如今,她已经与一位十分聪明帅气的律师结了婚,婚后生活十分愉快,我也经常会去探访他们夫妻。我想,这大概就是她说的"要达到目标"的结果,她有个幸福快乐的人生。

你肯定会疑问:另外一个你认识的女孩呢?在刚来纽约的时候,她也感到孤单寂寞,但是她没有充实自己,而是去那些游乐场所,比如去酒吧寻找朋友,所以现在的她去了另外一个地方——协助酗酒者的"戒酒俱乐部"!

所以,如果你不想总让自己感到孤独寂寞,请记住:幸福快乐都不是靠别人来给予,而是要靠自己去赢得别人的喜爱!

那么,如何与他人建立情感联结、消除孤独心理呢?

1.完善个性品质

其实,只要你拥有良好的个性品质,走出恐惧的第一步,就能受到朋友们的喜欢,慢慢的,心结也就能打开了。"人之相知,贵在知心。"真诚的心能使交往双方心心相印,彼此肝胆相照,真诚的人友谊地久天长。

2.正确评价自己和他人

孤僻的人一般不能正确地评价自己,要么总认为自己不如人,怕被别人讥讽、嘲笑、拒绝,从而把自己紧紧地包裹起来,保护着脆弱的自尊心;要么自命不凡,不屑于和别人交往。孤僻者需要正确地认识他人和自己,多与他人交流思想、沟通感情,享受朋友间的友谊与温暖。首先就要自信。俗话说,自爱才有他爱,自尊而后有他尊。自信也是如此,在人际交往中,自信的人总是不卑不亢、落落大方、谈吐从容,决非孤芳自赏、盲目清高。他们对自己的不足有所认识,并善于听从别人的劝告与帮助,勇于改正自己的错误。

3.培养健康兴趣

健康的生活兴趣能让我们专注当下,可以有效地消除孤僻心理。利用闲暇潜心研究一门学问,或学习一门技术,或写写日记、听听音乐、练练书法,或种草养花等,这些兴趣爱好都有利于消除孤僻。

4.学习交往技巧

你可以多看一些人际交往类的书籍,多学习一些交往技巧,同时可以把这些技巧运用到实践中,长此以往,你会发现你的性格越来越开朗,你的人际关系也会越来越好,与此同时,你也会收获不少知识,你认知上的偏差也能得到纠正。

总的来说,任何人,要想获得归属感、打败孤独,首先就应该远离顾影自怜，勇敢地走入人群中。我们要去认识其他人，结交新的朋友，无论我们去哪里，都要保持快乐的心情，都要学会与他人分享自己的欢乐。

第 02 章

自我归属感的建立,帮助你找到生命本身的价值

> 我们已经知道,归属感是每个人的共同心理需求,它来自两个方面:一方面是我们自己给予自己的,它是我们强大自信的来源;另一方面是别人给予我们的,它给予我们安全感,让我们在一段关系中感到舒适。这是归属感的"向内求"和"向外求"。在本章中,我们着重要分析的是第一部分,也就是自我归属感的建立。我们任何人,唯有自我认同、看清自己、找到自己所热爱和专注的事,才能找到生命本身的价值,获得强大的自信,进而获得归属感和幸福感。

敞开心扉，自闭并不是一种自我保护的手段

生活中，我们每天从一睁眼开始，都在与这个世界相处，与周围的人相处，我们都在努力进入他人的世界，试图获得他人的认同，这是获得归属感的重要方法，然而，这一切的前提是我们要敞开心扉，因为自闭并不是自我保护的手段。

事实上，在我们周围，自我封闭的人太多了，有的人在坎坷难行的人生路上遇到了撕心裂肺的痛苦，于是嗟叹人生艰难，痛恨世态炎凉；有的人怀才不遇，难觅知音，得不到世人的谅解，于是独处一隅，与世隔绝；有的人自惭形秽，认为自己才貌平庸，才智低下，于是看不起自己，不相信自己，不愿意与人交往……这些人境遇不同，但结果却差不多，都是把自己置身于孤独的控制之下，陷入无边的伤感之中。

闭锁心理是给自己画地为牢，最终会把一个人的全部激情耗干，将一个鲜活的生命推进坟墓。封闭在自己狭小的圈子里，你不会感受到丝毫快乐，只会离幸福越来越远，我们应该走出自我封闭的圈子，注意倾听自己心灵的声音，并细心发现生活中的美好与幸福。

第02章
自我归属感的建立，帮助你找到生命本身的价值

乔治太太是美国最富有的贵妇人之一，她在亚特兰大城外修建了一座花园。花园里种满了各种名贵的花草，引得蝴蝶、蜜蜂翩翩起舞。美丽的花园吸引了很多游客的注意，他们在花园里流连忘返，孩子在花丛中追赶蝴蝶，老年人在池塘边闲谈，年轻人在草坪上跳舞，大家玩得不亦乐乎。

这一幕幕被站在窗台前的乔治太太尽收眼底，她觉得自己的权利受到了侵犯，于是叫仆人在花园门外挂上一块牌子，上面写着：私人花园，未经允许，请勿入内。可是这样根本就不管用，游客们还是成群结伴地到花园里游玩。乔治太太就叫仆人去阻拦他们，结果发生争执，游人一怒之下拆毁了花园的篱笆墙。后来，乔治太太想到了一个很好的注意：她吩咐仆人取下花园门外的牌子，换上一块新的，上面写着：欢迎各位来此游玩，但花园的草丛中潜伏了一条毒蛇，请大家务必注意安全，如果不慎被咬伤，半小时以内必须获得救治，不然性命难保。这样的警示牌一放到那，所有的游客就望而生畏了，要知道，距离这里最近的一家医院位于威尔镇，坐车大约40分钟才到。

从此，花园里的游人越来越少了，几年之后，花园变得杂草丛生，毒蛇出没，真的荒芜了。寂寞、孤独的乔治太太空守着她的大花园，开始怀念起当初来她园子里玩的游客。一块牌子，真的解决了乔治太太的烦恼，她终于如愿地让游客们从自

己的花园中离开了,独享花园的美丽。她用一个绝妙的主意为自己建了一道独特的"篱笆墙",以防止外人的靠近,而这道无形的篱笆墙就是自我封闭。

结果如何呢?乔治太太在自我封闭的同时,也远离了幸福和快乐。一味地隔绝与外界的接触交流,只会像契诃夫笔下的套中人一样,把自己裹得严严实实,却陷入了无尽的寂寞与孤独之中,很难想象,他会获得归属感、安全感和幸福感。其实,快乐可以很简单,幸福也可以唾手而得,只要拆毁心灵的篱笆墙,让阳光照射进来,让游人进来嬉戏,那心灵的花园就不会荒芜。

很多人认为自闭是一种自我保护的手段,但历史证明,自闭终会使人尝到苦果,酿成不可挽回的大错。为免受西方干扰,永保天朝大国,清政府选择闭关锁国,但结果呢?中国的大门还是被西方的炮火打开,圆明园也在英法联军的呐喊中被抢劫一空;袁绍自以为兵多将广,个个都是军事奇才,怕有奸细而将前来投奔的人拒之门外,如此刚愎自用,难怪在官渡之战中以多败少,成就了死敌曹操的丰功伟业。

可见,自闭并不能给自己带来永久的保护,只会使你原本坚固的堡垒一点点倒塌,最后如水滴石穿般给你毁灭性的打击。

第 02 章
自我归属感的建立，帮助你找到生命本身的价值

俗话说："轻霜冻死单根草，狂风难毁万木林。"人际关系就像是一盏指路明灯，在你的人生山穷水尽时，指引你走向柳暗花明又一村。我们要学会克服自闭的消极心理，不管身处何地，都要与人建立起一种亲密的情谊。懂得利用集体的力量，把自己推向人生的顶峰，也能够在失败之后毅然爬起，掌控自己的命运，重拾鲜花和掌声。

我们生活在一个五颜六色的世界里，我们要在缤纷灿烂的生活中吸收养分。只要你轻轻打开那扇窗，就可以听到欢声笑语，感受到鸟语花香，欣赏到窗外的美景，让心灵充满阳光，让快乐充满心田，让灵魂不再发霉。

保持对当下的专注力

心理专家认为,个体对生活的归属感程度,与其参与到生活中各项事务的密切程度相关,假如一个人能全身心投入一件事,达到忘我的状态,就会产生强大的心流,能让心灵体会到无比的喜悦,进而获得持续向前的满足感和自豪感,而这就是归属感!因此,我们可以说,专注具有强大的力量,反过来,那些缺乏归属感的人往往焦虑不安、心思游离,无法专注。可见,任何人想要获得归属感,都要保持对当下的专注力。

专注是人的一种心态,也是人的一种精神状态。无论是伟人还是凡夫俗子,都要有专注的力量,才能获得精神能量、快乐无忧。如果没有专注,一个人容易变得暴躁不安,无法获得幸福感和归属感。然而,现如今,面对纷繁喧闹的世界,我们的内心似乎难以保持平静。内心的不平静,反映到行动上,表现为忙乱无序,而越是焦躁,越是无法专注,越是无法获得归属感。

事实上,我们都应静下心来,仔细看看这个世界,我们会很容易察觉到,原来并不是生活不美好,而是我们一直在抱怨中扭曲了生活。我们应该试着去做一个淡然的人，仔细感受为一件事认真付出的幸福和快乐。

我国伟大的国学大师季羡林先生是一位对学术十分认真专注的人。

著名学者张中行先生评价季老："一是学问精深，二是为人朴厚，三是有深情。"可是季羡林自己却对别人对他的那些关于"国学大师""泰斗""国宝"等称呼不以为然，他还写了三篇文章，叫"辞国学""辞泰斗""辞国宝"，在央视栏目《艺术人生》做嘉宾时，主持人曾问他为什么要写这样的文章，季老却说，自己配不上这几个称呼。

季老翻译出了令他享誉海内外的《罗摩衍那》。这是汉语的首译本，8大册，9万行，历时整整10年，为中印文化交流作出了巨大贡献。他还主编了《东方文化集成》这样的鸿篇巨著，计划10年出书500种。他的大脑永远都是白云舒卷，不知老之已至，乐于做各种事。就连生病住院治疗期间，他也没闲下来，仍然每日坚持创作，日写2000字，每天也还在思考着他手里的一套中国佛教史学术巨著。

季老平时并不希望别人打断他仅有的工作时间，除了非去不可的特殊情况，比如他主编的书要发行，学校安排什么活动，除此之外其他活动很少参加。他喜欢听二胡演奏的乐曲，但从不在这上面花费很多时间。他对于时间特别珍惜，除了吃饭、睡觉，就是工作。

季老专注于自己的研究，他不为世事烦扰，不被物质迷惑，遇事总能保持住自己的那颗平淡如水的心。正因如此，他成就了自己不平凡的一生。

可见，专注能给人带来太多的好处，它有益于一个人的身心健康，能让人的情绪保持稳定，此外还能获得更多的敬重。

那么，在日常生活中，我们应如何提升自己的专注力呢？

1.一次只做一件事

如果你决定了做一件事，那么，你就要做到专注，然后，你需要问自己："在这些要做的事情中，哪件事最重要？"选出那件最棘手的事，然后保证自己在接下来一段时间内只专注于它。

2.排除干扰

在你准备做一件事情时，请收拾好你的书桌，关闭手机，关闭计算机的浏览器等，避免那些容易使你分心的事，你的学习和工作效率会提高很多。

3.明确动机

明确你办事的动机会有助于加强你的专注力，并且能让你完成任务。你要知道你为什么要去专注于某事，而且要清楚如果你不专注于此事会有什么样的后果。此外,你可以想象一下假如你朝着一个方向前进,你的生活将会是什么样子的。想象一下你理想中的生活,让它清晰可见并让它时刻浮现在你脑海中。

4.深呼吸

当你开始新的一天时,问自己一个问题,"我在呼吸吗?"然后做几次深呼吸。问你自己"我现在感觉放松吗?"如果你的回答是"不太放松",那么先什么也不要做,然后深呼吸。

5.享受当下

当下是我们所拥有的一切。生活只存在于当下,我们应珍视它,祝福它,感激它,体验它。不论你在做什么,请充实地生活……

总之,人生路上我们不要有太多的空想,而要专注于当下的幸福,着眼于眼前的工作。在生活中的多数情况下,对枯燥乏味工作的忍受,应被视为最有益于人身心健康的原则,为人们所乐意接受。

与过去的伤痛和解，让心灵有个归属

前面，我们分析过，经历过心灵打击的人，很容易留下心灵创伤，他们无法正视和认同自己而感觉到没有归属感。因此，要获得心灵归属感，我们首先就要与过去的伤痛和解。

人生如同变幻莫测的天空，刚才还晴空万里，转眼间阴云密布、倾盆大雨。但这些都是上一秒发生的事，人要向前看，不管过去多么悲伤失意，过去的总归过去，只有向前看，才会有希望。

莎士比亚说过："聪明的人永远不会坐在那里为自己的损失而哀叹，他们会想办法来弥补自己的损失。"因此，请抛却那些痛苦之后的不安吧。如果你想开始新生活，就必须破釜沉舟，勇于忘却过去的不幸。

忘却是一种智慧，其实很多时候，我们之所以痛苦、焦虑，是因为我们一直记住了不该记住的，这就好比爬山，如果你总是不停地捡起那些嶙峋怪石背在身上，那么不管你多么有力量，也终会累得气喘吁吁。人生恰如登顶，真正聪明的人不会背上所有的石头前行，而是会适当地舍弃。归根结底，人的

第02章
自我归属感的建立，帮助你找到生命本身的价值

欲望是无限的，人的力量是有限的，我们只有学会取舍，才能用有限的力量做最大的努力。智者总会遗忘那些曾经的苦难，唯有如此，他们才能不被悲伤压垮，才能继续前行。

自从经历了在唐山大地震中，失去亲人也险些失去生命的痛苦，小杨就一直生活在极度的恐惧中。虽然政府给她找了一个很好的家庭，养父母也都非常疼爱她，但是她却始终心有余悸，经常半夜从睡梦中哭着醒来，对于自己的小家，她也没有归属感，总觉得自己孤苦无依，为了帮助小杨走出苦难的阴影，养父母想了很多办法，都没有什么效果。就这样，小杨战战兢兢地读完大学，开始工作。但她总是愁眉苦脸，眼睛里藏着无限的心事。

毕业几年之后，小杨恋爱了。她的男友是一个非常阳光的大男孩，每当看到小杨愁眉不展、满腹忧愁的样子，他都很心疼。和养父母一样，男友也想帮助小杨走出地震的阴影。毕竟，地震已经过去十几年了，也该淡忘了。一个周末，男友带着小杨去爬山。这是一座非常陡峭的山峰，很多时候都要手脚并用，小杨爬到半山腰抬头看向山顶，不由得瑟瑟发抖，说："我可不想九死一生捡回的这条命，今天丢在这里啊！"男友鼓励小杨："这座山看起来陡峭，实际上爬起来并没有那么陡。你只要眼睛盯着脚下，一鼓作气地往上爬，很快就会到达

山顶的。"小杨依然很犹豫,男友继续鼓励她:"放心吧,你在前面,我在后面,我就是你的'垫脚石'。"看到男友坚定不移的眼神,小杨只好硬着头皮继续往上爬。一个多小时后,小杨终于气喘吁吁地爬到了山顶。看着她如释重负的微笑,男友趁机说道:"亲爱的,我觉得有些事情你该学会遗忘。就像爬山,如果你背着沉重的负担,就很难顺利登顶。而遗忘则让你在人生的道路上更加轻松,遗忘不是背叛,而是为了亲人更好地活着,我想这也是他们的愿望,你说呢?"小杨迎着山风站立,任由风吹乱她的头发。是啊,逝者已矣,生者如斯。如果爸妈还在,一定不愿意看到历经艰苦才长大的她这么不快乐!从此,小杨就像是变了一个人,她再也不是那个怨天尤人的幸存者,而是一个努力想为自己、为爸爸妈妈、为养父养母活出精彩的幸福女孩!

在这个事例中,小杨在地震中失去亲生父母,而后又被养父母收养,身体和心理遭受了双重创伤,始终沉浸在悲痛之中难以自拔。幸好,她遇到了积极乐观的男友,意识到一切事情终将过去,自己也应该为了所有的亲人更加努力地活好。所以,小杨变得积极乐观,不再郁郁寡欢。想必在未来的人生之路上,她也能够轻装上阵,勇往直前。

如果人们不学会忘却,最终就会被沉甸甸的记忆压得喘不过气来。虽然历史是不能忘记的，但是忘却是必须的。人生恰如一场旅行，如果背负着过多的行囊，必然影响行进的速度。只有轻装上阵，才能提高效率，步履轻盈。

心理学家指出，要修复自己的心态，调整自己的状态，就要接纳和尊重自己的过去和昨天，因为下一秒，现在也将变成过去。

如果你能减少抗拒的时间，那么，你就能较早地走出来。比如你的亲人去世了，你肯定会伤心、痛苦，但如果你能告诉自己"逝者已逝"，那么，你会逐渐变得平和起来。而反过来，对于已经既定的事实，你越是抗拒，越是会痛苦，你处于低潮期的时间就会越长。只有接纳，才能摒弃消极不安的状态。接纳并不是意味着，"算了，认命吧""我不会再有什么发展了""接受这种状态吧"等消极态度，而是一种积极进取的态度，只有不断地采取行动，才能取得理想的结果。

所以，对于昨天的伤痛，我们应该先接受它。不要再不断地问自己："我怎么会这样呢""我怎么会遇到这种事情"，这样只会加剧你的痛苦。

提升自己，给自己充足的安全感

我们都说，安全感是自己给自己的，一个人只有对所在的环境感到安全，才有归属感，然而，你为什么没有安全感？因为你对未来没有把握，你从不敢放肆地笑，更不敢充满底气地说话、承诺，放出豪言壮语。如何才能改变这样的状况呢？不管你是花季少女，还是垂垂老者，每一天你都应该有明媚的心情。唯有如此，我们才不辜负生命的可贵，才能尽享生命的馈赠。我们任何人只有有了丰富的内在，获得强大的内心，才能给自己充足的安全感。

圆圆从小就是个自卑的女孩。原来，她有一个酗酒的父亲，总是喝得醉醺醺的，不是打妈妈，就是骂她，这让圆圆觉得自己怎么也不如别人。因而，她虽然从小学开始学习成绩就在班级里名列前茅，但是她从未有过真正的自信和快乐。

这样的情绪，伴随圆圆大学毕业开始工作。因为大学毕业生越来越多，圆圆没有找到与专业对口的工作，而是从事二手房销售。这个行业无疑需要乐观开朗、积极自信的性格，还需要有好口才。这几条,圆圆一条都不占,但是她缺钱。和很多安逸舒适的工作相比,销售工作能帮助她在短时间内挣到更多的钱,积累资金。为此,圆圆硬着头皮开始工作。刚开始的时候,不管是同事,还是买房的客户,都觉得圆圆太内向了。然而,圆圆这十几年都是这么过来的,所以她一时之间也不知道如何改变。

一次偶然的机会,圆圆读到一篇文章,上面说要提醒自己保持微笑,要提醒自己变得自信,要提醒自己是最棒的。圆圆按照书上的方法,在租住的小屋每一个角落都贴满了提示语。例如,她在镜子上贴上:"微笑度过每一天。"在看到这句话的时候,原本从起床就开始眉头紧锁的圆圆情不自禁地笑了一下。看着镜子中微笑的自己,她莫名其妙地心情好转,居然觉得室外阳光格外明媚。再如,她在漱口杯上贴着:"你是最棒的!"她虽然很怀疑这句话的真实性,但是的确腰杆挺得更直了一些。她还在门上、床头上贴满了形形色色的提示语,诸如"你的微笑最美丽""你是最优秀的女孩""笑一笑,十年少""你的笑容有征服人心的魔力"等。每当看到这些提示语,她都会情不自禁地微笑,而且在心中默念那些自我鼓励的话。圆圆非常认真地照着书本的指示去做,一个月之后,奇迹出现了。她渐渐变得爱说爱笑,也充满自信,不再是那个内向害羞的女孩了。就这样,在大家包括她自己在内都觉得自己不适合这份工作的情况下,她居然把工作做得风生水起。如今的圆圆,每天都抓住机会对着镜子里的自己微笑,或者是清晨起床对镜梳妆,或者是在办公桌上对着镜子整理乱发。哪怕是经过一扇反光很好的玻璃门,圆圆也从微笑的自己身上,得到了无穷的力量。

如果你也像圆圆一样抑郁寡欢、自卑自怜,那么从现在开始,不妨也多为自己准备几面镜子吧。当你越来越多地对着镜子里的自己微笑时,你也就获得了无穷无尽的力量,自然也就能够改变人生,让自己变得勇敢豁达,充满自信。

那么,如何有效地丰富内在,给自己安全感,提升自己的内在涵养呢?

1.多读书

书籍可以使人增长知识和智慧,使生活充满阳光,同时,也会让人变得有思想。阅读有益的书籍,能净化人的灵魂。所以,喜欢读书、善于学习的人看起来是与众不同的,那种内涵是倍受他人的欣赏与尊重的。

2.学"宰相",肚里能撑船

一个人要练就大度量,即使生气也要懂得一笑而过,若是揪住一些小事就斤斤计较,那别人只会觉得你不是一个有涵养的人,甚至,就连你的教养也会丢掉。而且,有了宽阔的胸怀，才会有闲情逸致去培养自己高雅的情趣和爱好。

3.学会肯定自己，勇敢地把不足变为勤奋的动力

学习、劳动时都要全身心投入，无论结果如何，都要看到自己努力的一面。如果改变方法也不能很好地完成，说明技术不熟，或者还需完善其中某方面的学习。扎实勤奋的学习最终会让你成功的。

总之，当你的内心足够强大时，你不但会变得自信，还能找到心灵的归属、获得快乐。

自我认同，别总是担心别人怎么看

在生活中，我们任何人都生活在集体中，我们渴望从中得到认同和尊重，这是获得归属感的重要来源，然而，人是主观的动物，人在看待很多事物和人的时候，难免会带着内心深处的偏见，产生高低贵贱之分。因此，很多人都曾经由于各种各样的原因而被别人轻视过。然而，我们需要铭记在心的是，即使整个世界都看轻我们，我们也不能看轻自己。因为，一旦你自轻自贱，你就真的变成了一个不值得被重视的人。别人怎么看你不重要，重要的是你怎么看你自己，你怎么面对自己。我们只有学会自我认同，学会正确地评价自己，才能免除焦虑，拥有归属感，这也是我们所说的建立归属感的"向内求"的部分。

小李是一家蛋糕店新来的营业员，她是一个小心翼翼的女孩子，就连说一声"你好"，她都会微微点头，唯恐自己的言行让店长不太满意。其实，对于这样一个谦和有礼的女孩子，店长是很喜欢的。

第 02 章
自我归属感的建立,帮助你找到生命本身的价值

小李并不明白店长的心思,她每天都在担心自己的工作做得不够好,担心自己做错了事情。有一天,她在摆弄蛋糕的时候,不小心手抖了一下,小蛋糕摔在了地上,小李害怕得眼泪流了下来,店长急忙安慰:"没事,没事,一会让师傅重新做一个。"但小李好像因此产生了心理负担,总在担忧这件事:店长会不会因为这件事辞退我,我怎么这么笨呢,其他人工作总是做得那么好,可我……她越想越泄气,每天忧心忡忡,接连着工作出现了很多纰漏,店长疑惑了,这样一个女孩子到底为什么烦心呢?

在店长的再三开导下,小李才道出了自己的心结,店长听了哑然失笑:"这都是一些小事情,值得为这样的事情担心吗?工作中犯了一点小错,没有人会在意的,因为大家都在关注工作本身,没有人会关注你。当初我当实习生的时候,犯下的错误更多,但我从来不担心,因为犯错了才能更好地改正错误,不是吗?"听了店长的话,小李豁然开朗,自己并不是焦点,又何必在意别人是怎么看的呢?

因为太在意别人的目光,我们的言行都会小心翼翼,如履薄冰,怀中好像揣着一个炸弹一样,随时会爆炸,这样整日忧心的日子有什么快乐可言呢?将自己当成焦点,那不过是自己在与自己较真,实际上根本没人会在意我们的言行。

的确，人们是群居动物，遇到事情的时候总是喜欢三言两语地讨论，或者发表自己的看法。在这种情况下，如果你过于在意别人说什么，自己的内心就会受到困扰。当然，这句话的意思并非是让我们固执己见。归根结底，别人提出的正确的意见或者建议，我们可以根据现实情况适当调整。然而，如果这种分歧仅仅是观念不同导致的，则没有必要扰乱自己的阵脚。为人处事，应该淡定平和。只要尊重自己的内心，不违背社会公德和秩序，我们无须逢迎他人。常言道，鞋子合不合脚，只有自己知道。对于发生在自己身上的事情，怎么做才是最好的，也只有自己才知道。

球星贝克汉姆曾说："一个人无法让所有人都喜欢你。"我们来看看他的一次经历：

2009年，"万人迷"贝克汉姆在回归洛杉矶银河队后的首个主场比赛中遭到了球迷的嘘声和抗议。赛后他接受美国当地媒体的采访时，表示自己并不在意，他说："你不可能让所有的人都喜欢你。"在后续比赛中，贝克汉姆用场上出色的表现回击了来自球迷的嘘声。银河队打入的两个进球都和小贝有关，其中一球还得益于他的直接助攻。

就连曾经公开批评过贝克汉姆的银河队球员多诺万也表示："如果大卫一直保持这样的状态，我确信他最终能赢回球迷的支持。"

要想打破他人的成见，我们最应该做的事就是做好自己，用实力给他们致命的一击，正如贝克汉姆的表现一样。当然，即使那些偏见永远存在，也不必为之伤脑筋。你做任何事情，来自外界的评价都是两方面的，所以不要只看到杯子有一半是空的，还应该看到它还有一半是满的。对于别人的批评，有则改之，无则加勉，但没有必要影响自己的心情；对于看不惯你的人，如果他发现了你的缺点，应该勇于改正，如果是误会应该解释，解释不清就不去解释，不妨敬而远之，敬而远之尤不可得，就鄙而远之。

记住，能够证明你实力的只有你自己，而不是别人随意的评价。面对别人的轻视，选择放弃还是选择坚持，你的人生将会产生完全不同的结局。不管做什么事情，我们应该像上述案例中的主人公一样，化别人的轻视为自己前进的动力，督促自己不断进步，不断发展。

为此，你需要记住：

1.你不需要让所有的人都满意

大多数都有这样的经历：上学的时候，父母总是指着隔壁的孩子说："瞧瞧人家，成绩多优秀，你得向他看齐。"大学毕业了，长辈都说："还是当个老师，或者考考公务员，这才是铁饭碗,其他的都不是什么正经的工作。"工作的时候,上司总是告诉你这样不对,那样不对。我们生活的目的似乎都是让所有的人满意,而从来没有让自己满意过。事实上,我们要懂得这样一个道理:你不需要讨好所有的人,只有自己喜欢才是最重要的。

2.做自己喜欢的事

生活中,什么是快乐?其实,快乐很简单,就是做自己喜欢的事情,如果我们太过在意别人的眼光,在这个过程中不自觉地将自己当成焦点,那只会让自己身心疲惫。因此,学会做自己喜欢的事情,享受自己生活的世界,没人会在意你做了什么,这样,你的归属感会慢慢建立起来。

积极自信，小心负面标签的影响

前面，我们强调，唯有积极自信的人，才有一颗强大的心脏，才能不怕犯错、不惧他人嘲笑，无论做什么事都有归属感，对于这类人来说，他们的归属感来自"内求"。"内求"的根源是自信。而要获得自信，首先就要小心负面标签的影响。的确，一个人一旦为自己贴上自卑的标签，他们会变得更自卑。实际上，人们需要多为自己贴上自信的标签，时间长了就会变得自信起来。

贴标签效应，就是当一个人被贴上一种词语名称标签时，他就会作出自我印象管理，使自己的行为与所贴的标签内容一致。从心理学角度说，之所以会出现"贴标签"的相关现象，其实是因为标签有定性引导的作用，不管是好还是坏，它对一个人的个性意识的自我认同都有强烈的影响。假如我们给一个人贴标签，那结果往往就是使其向"标签"所喻示的方向发展。

心理学家曾做了这样一个实验：要求人们为慈善事业做出贡献，然后按照他们是否有捐献，标上"慈善"或"不慈善"的标签，另外一些被试者则没有用标签。后来再次要求他们做捐献时,标签就有了使他们以第一次的行为方式去行动的作用,也就是那些第一次捐了钱并被标签为"慈善"的人,比那些没有标签过的人要捐得多,而那些第一次没有捐钱被标签为"不慈善"的人比没有标签的贡献更少。

第二次世界大战期间,美国因为兵力不足急需要士兵,于是,美国政府就想到可以让关押在监狱里的犯人上前线参加战争。

在开战前,美国政府特聘了几位心理专家对这些犯人做心理训练和动员,训练期间,专家们并没有做很多的说教,而是让这些犯人每周都必须要给自己最亲的人写一封信,只是信的内容由心理学家统一拟定,叙述的内容是犯人在狱中的表现是如何好,如何接受教育,改过自新等。专家们要求犯人们认真抄写后寄给自己最亲爱的人。

三个月后,犯人们开赴前线,专家们要犯人给亲人的信中写自己是怎么样服从指挥,怎么勇敢等。最后,这批犯人在战场上的表现比起正规军来丝毫不逊色,他们在战斗中正如他们信中所写的那样服从指挥。

研究那些成功者的成长经历,会发现他们对自我都有一种积极的认识和评价,换言之,就是给自己贴上了一张积极的标

第 02 章
自我归属感的建立，帮助你找到生命本身的价值

签，从而产生一种自信。这种自信是一种魔力，即使他们在认清了自己的现状之后，依然能够保持奋勇前进的斗志，而这也是他们必须依赖的精神动力。

有一天，著名的成功学家安东尼·罗宾接待了一位走投无路、风尘仆仆的流浪者。那人一进门就对安东尼说："我来这儿，是想见见这本书的作者。"说着，他从口袋里掏出了一本《自信心》，这本书是安东尼多年以前写的。安东尼微笑着请流浪者坐下，那人激动地说："在昨天下午，命运之神把这本书放入了我的口袋中，因为当时我已经决定要跳进密歇根湖了此残生，我已经看破了一切，我对这个世界已经绝望，所有的人都抛弃了我，包括万能的上帝。不过，当我看到了这本书时，我的内心有了新的变化，我似乎看到了生活的希望，这本书陪伴我度过了昨天晚上，我下定了决心，只要我能见到这本书的作者，他一定能帮助我重新振作起来。现在，我来了，我想知道你能帮助我什么呢？"安东尼打量着流浪者，发现他眼神茫然、满脸皱纹、神态紧张，他已经无可救药了，但是，安东尼不忍心对他这样说。

安东尼思索了一会，说："虽然我没有办法帮助你，但如果你愿意的话，我可以介绍你去见本大楼的一个人，他可以帮助你东山再起，重新赢回原本属于你的一切。"听了安东尼的

话，流浪者跳了起来，他抓住安东尼的手，说道："看在老天爷的份上，请你带我去见这个人！"安东尼带着他来到从事个性分析的心理实验室里，面对着一块看来像是挂在门口的窗帘布，安东尼将窗帘布拉开，露出一面高大的镜子，流浪者看到了自己，安东尼指着镜子说："就是这个人，在这个世界上，只有你一个人能够使你东山再起，除非你坐下来，彻底认识这个人，当作你从前并不认识他，否则，你只能跳进密歇根湖了。只要你有勇气来重新认识自己，你就能成为你想成为的那个人。"流浪者仔细打量自己，低下头，开始哭泣。几天后，安东尼在街上碰到了那个人，他已经不再是一个流浪汉了，而是成为西装革履的绅士，后来，那个人真的东山再起，成为芝加哥的富翁。

每个人都梦想过自己能成为什么样的人，也许是科学家，也许是医生或者律师，不过，有的人却因为自卑而选择退缩，宁愿梦想着，也不实践着，他们甚至希望能得到别人的救赎。事实上，成为自己想成为的人很简单，只要相信自己，给自己贴上积极的标签，朝着梦想勇敢地奋进，那么我们就真的能够成为我们所希望的那个人。

许多人的心理总是带着消极的暗示，他们自卑而懦弱，总认为自己一事无成，成不了大器。结果，就在这样一次次消极的心理暗示中，他们真的成为那种无所事事的闲人。假如我们给予自己的都是积极的心理暗示，那自己就真的会朝着这个方向发展。

当然，假如人们给自己贴的标签不是正面的、积极的，那么被贴标签的人就可能朝着消极的方向发展。假如人们给自己贴上的标签是懦弱的，那我们所表现出来的举动就是懦弱的。所以，人们要善于给自己贴上自信的标签，这样你才会如标签一般变得自信。

第 03 章

打开封闭的内心，学会从群体中获得归属感

生活中，我们都生活在一定的集体、群体中，随着工作和生活环境的变迁，我们也很有可能进入新的群体圈子，而此时，我们能否快速融入新环境、和陌生人建立友谊，直接关系到我们是否被认可、接纳，是否能获得归属感，是否能感受幸福。这就需要我们打开自己的内心、不再抗拒、相信友谊，真正将自己看成群体的一份子，唯有这样，我们才会宾至如归，从群体生活中感受幸福。

进入新环境，如何快速适应

生活中，我们任何人都不可能一直处于同一环境中，而如何迅速适应新环境，不仅考验一个人的适应能力，更是让我们快速获得归属感和认同感的关键。当我们对某个集体有归属感时，我们才会真正成为集体的一份子，然后做出自己的成绩、获得成长、体验幸福。我们先来看下面的故事：

玲玲因为父母工作的原因不得不转到外地的学校，当她听到这个消息后，她伤心了很多天。尽管新家也比原来大很多，新学校师资力量也好很多，但玲玲就是高兴不起来。在新学校上了一个星期后，爸爸妈妈发现玲玲闷闷不乐的，很是担心。

这天，在厨房做晚饭的妈妈看见玲玲回来后就直接进了房间，连招呼也没打。她觉得有必要为玲玲做做思想工作了，就敲了敲房门。

玲玲说："您有事？"

"没，就想跟你聊聊天，我们母女俩很久没说话了。最近

第03章
打开封闭的内心，学会从群体中获得归属感

在新学校怎么样？"

"还好。"玲玲好像不大爱说这个话题。

"看得出来事实情况并不是这样。跟我说说吧，也许我能解决你的烦恼。"

"好吧，跟你说实话，那些新同学真的很讨厌，不跟我说话倒也罢了，背地里还说我坏话，那天我上厕所时都听见了，说什么'有几个臭钱就了不起啊''装清高'什么的。我没招惹他们，不用这么说我吧。"

"看来我明白怎么回事了。其实，你不妨从他们的角度想想，你是一个新来的女孩，长得这么漂亮，成绩又好，相信你已经是很多男生关注的对象了，而对那些女生来说，你肯定是她们的威胁，她们排斥你也不奇怪。再者，你对来这所学校读书也不大乐意，不是吗？正因为你有这样的情绪，你才不愿意亲近同学，你自然会成为他们聊天的对象咯，你说对不对？"

"嗯，妈妈你说的有道理，这件事都有错吧，那你说我该怎么办？"玲玲点点头。

"其实，以前你是个很爱与人打交道的女孩，你还记得吗，我们住的那个单元里的女孩们都爱跟你做朋友，没事总上我们家来玩。你现在其实也可以交一些新朋友，主动和他们交流，主动跟他们说说话，一回生二回熟，自然就成朋

057

友了。"

"好吧，我听您的。"妈妈说完这番话后，玲玲的眉头终于舒展开了。

在生活中，可能很多人都遇到过玲玲这样的情况，到了新环境后，他们常常因为人际关系而感到烦恼，也无法融入新集体，那么，面对这种情况，你该怎么办呢？

到了一个新环境的确需要一个适应过程，怎样才能更快地适应就要看当事人的心态和解决问题的能力了。

首先，心情要放轻松，不要一直提醒自己这是在新环境。这主要是心理上的问题。有言道智者调心。人不能够适应周围的环境完全是由错误的观念和消极的心理状态引起的。首先要知道世界是在不断的变化的，周围的环境也是在不断的变化的。所以人也要变化，注意周围的世界并观察一切的变化，不断地接受新鲜事物。

其次，可以用最短的时间在新环境中找一个比较谈得来的朋友，这很重要，朋友之间感情建立了，环境也就充满了人情味。其实有时候人需要的不多，仅仅是友人的一点支持，哪怕只有一个也会令你对世界充满信心。

最后，在新环境中要主动地融入群体中，不要使自己显得孤立，要对集体活动有热情。

总之，迅速适应新环境，最重要的是不断调整自己的心态，正面、积极地看新环境，就会喜欢这个环境，从而能够应对一切。

陌生人，是你的下一个朋友

人与人之间的关系，一般都经历相遇、相识、相知这三个阶段，即使是陌生人，也可能就是你的下一个朋友。我们都渴望获得周围人的肯定，这是一种对自我价值的认同，只有被认同，我们才会产生归属感，而这就需要我们善于运用关系来理解这个世界，且要主动走出狭窄的世界，去结识陌生人。那么，如何结交陌生人，处理好与陌生人之间的关系，无疑就考验了我们人际交往能力的高低，下面有几个重要的交往原则：

1.真诚原则

真诚是打开别人心灵的金钥匙，因为真诚的人能使人产生安全感，减少他人的防备心。越是好的人际关系越需要关系的双方暴露一部分自我，也就是把自己真实想法与人交流。当然，这样做也会冒一定的风险，但是完全把自我包裹起来是无法获得别人的信任的。

朱太太雇了一个保姆，下周一，保姆王嫂就要正式上班了，于是朱太太利用这段空余时间给她的前任雇主打了个电话："您好，我是王嫂的责任雇主，我想了解一下她以前在您这里的情况。"让朱太太大吃一惊的是，她听到的评语竟然抱怨远远多于赞赏。

星期一很快就到了，朱太太亲切地对保姆说："王嫂，前几天我给你的前任雇主打了个电话，她对你的评价很好。她说你为人可靠，对孩子非常细心，而且有一手好厨艺，但有一个小小的缺点，就是不太会收拾屋子。我觉得她的话并不完全可信，因为从你的穿着来看，你应该是个整洁的人，所以我认为你一定会把屋子收拾得很干净，而且大家应该能够和睦相处。"

最后的事实证明，她们的确相处得很好，王嫂就像朱太太说的那样，每天勤奋地工作，把屋子收拾得干干净净，有时甚至加班完成剩下的工作。有一次，朱太太在外开会，但却把一份很重要的文件落在家里了，在她束手无策的时候王嫂给她送过来了，对此，朱太太感激不尽。

这就是在与人交往中，真心待人带来的益处，当你发自内心对别人友好时，别人就会感觉到你真诚的心意，不知不觉对方就会对你产生信任感，你们之间就有了好的开头。如果朱太太没有真诚地对待王嫂，王嫂自然也不会为朱太太送文件了。真心地对待别人也是一种人情投资，而绝非是人们认为的思想乃至物质上的"包袱",投资必定有回报,朱太太的事例就是个说明。

2.主动原则

主动对人友好、主动表达善意能够使人产生被重视的感觉,主动的人往往令人产生好感。然而,对于一些内向者来说,要做到主动需要一定的胆量,此时,就需要克服一些交际中的不良心理,先别自卑,把自己的心态与位置摆正。陌生的环境跟陌生人聊天是正常交际,并没有什么可怕的。鼓足勇气张嘴就是第一步。俗话说,伸手不打笑脸人,与人搭讪首先要友好,即使心里没底,也要自然地笑一下,也许这一笑就可以开始你们的谈话。

3.交互原则

人们之间的善意和恶意都是相互的,一般情况下,真诚换来真诚,敌意招致敌意。因此,与人交往应以良好的动机出发。

一个人的眼神可以透露出许多有关他的信息。不敢正视别人是胆怯、心虚的表现,而大大方方地正视别人等于告诉他人:"我是诚实,而且光明正大,毫不心虚。"因此,在学习和工作中经常提醒自己要面带微笑,正视别人,用温和的目光与别人打招呼,用点头表示问候,用聚精会神、专心致志的态度表示对他人的理解与支持。这种练习不但能增强你的亲和力，而且能为你赢得别人的信任，强化你的自信心。

4.平等原则

任何好的人际关系都让人体验到自由、无拘无束的感觉。如果一方受到另一方的限制，或者一方需要看另一方的脸色行事，就无法建立起高质量的心理关系。

5.仪表原则

无论男女，漂亮的仪表都能够得到别人的夸奖和好评，提高人的精神风貌和自信心。这就是为什么一袭长裙会使得一个姑娘的举手投足都显得靓丽、迷人。因此，你的仪表很大一部分上也看出你的精神风貌。当你的仪表得到别人的夸赞时，你的自信心一定会油然而生。

除此之外想要和陌生人加深关系，还必须在人际关系的实践中去寻找，逃避人际关系而想得到别人的友谊只能是缘木求鱼，不可能达到理想的目的。广结善缘，可以使我们开阔眼界，增长才干，丰富人生阅历，增添成就感，提高耐挫力，激发和巩固自信心，即使是陌生人，也许他就是你的下一个朋友！

适时从众，不要被群体孤立

一个人是否能融入集体，不仅关系到自我归属感的建立，更关系到合作的开展，要知道没有人单靠自己、赤手空拳赢得成功，因为任何一项工作，都需要彼此间的协作，合作是成功的关键。但齐心合作的前提是，你要懂得你是集体的一份子，无论何时，你都不能被大家孤立，为此，懂得适时从众是一种明智的表现。

小李是一家出版社的编辑，因为刚出学校不久，什么都没经验，于是，他虚心学习，嘴巴也很甜，因此，平时在单位里上上下下关系都不错，很快，就得到了主编的器重，于是主编将一本图书的编辑任务全权交给了小李。

毕竟是文学专业出身，小李的写作能力还是很不错的，他的这本图书居然在全国图书评选中获了大奖。

后来，小李也觉得自己好像在单位的分量越来越重。每逢开会时，他都表现得特立独行，与大家意见很不一样。一段时间后，小李察觉到一些蹊跷：单位同事，包括他的上司，似乎都在有意无意地与他过意不去,并回避着他。

小李不明白自己哪里做错了,平时什么小事他还是抢着做,对同事、领导也是恭敬有加,苦思冥想后,他恍然大悟,原来自己不应该标新立异。想到这一点后,他也觉得自己做的有点过了,事实上,很多时候,自己的观点也不一定完全正确,也怪不得上司几次都没有同意。

于是,第二天,小李就在办公室说:"今天晚上我请客,大家都要来,感谢你们一直帮我的忙。我是后辈,以后有什么不懂得地方,还要麻烦各位前辈们了!"大家都答应了小李的邀请,自从这件事后,大家又和以前一样融洽了。

小李在认识到自己的错误之后的做法是正确的,因为身在职场,没有任何人能独自完成一件事,任何一项工作都有同事以及上司的共同努力。因此,我们最不应该做的就是特立独行,把自己和众人隔绝开。聪明的做法应该是学会适时从众,因为当你和大众的观点都相反时,你必然会成为大家攻击的"靶子"。无数职场经验和教训告诉你,凡是喜欢争功的人都不会受到同事的欢迎,不会获得老板的欣赏,争功的结果就是使自己陷入孤立境地。

懂得从众是一种聪明的做法,那么,我们该怎样从交谈中,把握对方的内心世界呢?又该怎样适时从众呢?我们可以从下面几个方面掌握：

1.寻找大家乐于交谈的话题

如果交谈的人比较多，我们要学会照顾所有人的情感，寻找到合适的话题，让大家都参与其中。不要因为自己喜欢某一个话题，就抓住不放，也不管别人是不是感兴趣，更不要选太偏的话题，避免唯我独尊、东拉西扯，甚至出现跑题。最忌讳的一点就是和旁人贴耳私语，这在无形中会冷落了别人。另外，即使你不喜欢某个人，也不要说话带针对性，让在场的其他人尴尬。

2.听懂他人的弦外之音

若对方突然提高了说话的音调时，多半表示他与你意见相左，想在气势上胜过你。如果对方说话时突然语气婉转，转换说话的方式，说明他想要吸引别人的注意力，自我表现一番。

3.懂得感谢他人

任何人都喜欢听好话，如果与你交谈的是你熟悉的朋友、同事，你可以多找些理由感谢他们，感谢同仁的鼓励、帮助和协作，即使对方并没有这样做，这个过程也是必不可少的，可以避免成为靶子。

4.分享

你可以分享的东西有很多，比如，一些好笑的事、你的某次经历等，一个懂得分享的人往往能带动大家的情绪，大家也会乐于参与这样的话题。

5.谦卑

谦卑处世的人往往是低调的,没有人会把这样的人当成攻击的靶子。而现实生活中,一些人一旦成功或者获得荣誉,就容易忘了"我是谁",人们对这些自我意识膨胀的人会"敬而远之",因此,当你获得荣誉后要更谦卑,这会更容易得到别人的赞赏。

总之,枪打出头鸟,人们都喜欢排斥异己者,人际交流也是如此,因此,即使偶尔我们与众人的意见不同,也不可直接站出来反对,否则,你只会被大家剔出局。

首因效应：如何一开口就赢得陌生人好感

在人际交往中，最难的大概就是和陌生人打交道了，要想让陌生人从心理上接受我们，远比从熟悉的人身上获得归属感和安全感难多了。对于这一点，我们可以把握心理学上的首因效应。

在生活中，我们每个人不知不觉会对"第一"有特殊的感情，并会对"第一"情有独钟，比如，你会记住第一任老师、第一天上班、第一个恋人等，但对"第二"就没什么深刻的印象。而这，就是心理学上常说的"首因效应"的表现。同样，"首因效应"适用于与陌生人的交流中，给别人留下良好的第一印象，才能俘获别人的心，获得别人的认同。如果你想给对方留下完美的第一印象，从谈话的角度看，你一定要学会巧妙开腔，一开口就能让人心生愉悦。

大学毕业之后，小王也像其他同龄女孩一样，带着简历四处寻找工作，可是都没有合适的岗位。在朋友的建议之下，她在网上试着寻找机会。无意中，她看到一家大型企业在招聘秘

第03章
打开封闭的内心,学会从群体中获得归属感

书,于是满怀信心地投了一份简历。

第二天一大早,小王接到了该企业人力资源部的面试电话。这着实让她兴奋不已。按照对方通知的面试时间,小王早早地赶到约定地点。面试在一个小会议室里举行,参加面试的一共有10个应聘者,旁边坐着十几位领导。

面试开始后,考官给每个面试者5分钟的时间,让他们做一个竞聘演讲。小王心里暗暗窃喜,因为她在学校担任过学生会主席,演讲对于她来说是轻车熟路。因此,当轮到她的时候,她自信满满地走了上去。5分钟的时间,她简单地介绍了自己的情况,然后又聊了自己对秘书这个职位的理解和认识,最后说自己如果能赢得这个职位,将如何把这个工作做好等。等她昂首挺胸地走下去的时候,在场的领导频频点头。再看看别的面试者,要么就是紧张得语无伦次,要么就是气若游丝,如蚊子叫。看到他们,小王相信自己一定会赢得这个职位。果然不出她所料,面试后的第三天,她接到了上班的通知。

如愿以偿当上了秘书之后,小王尽职尽责,有条不紊地完成各项工作,深得总经理的青睐。可是上班刚刚两个月,她的秘书生涯就结束了。原来她被董事长调到总部去做行政总监了。

那次面试的时候,董事长也在,小王的口才给董事长留下了极其深刻的印象，董事长觉得以小王的才华和能力做一个秘书实在是屈才了。所以，当总部的行政总监离开的时候，董事长第一个想到的就是小王。

就这样，没有多少工作经历的小王就稀里糊涂地当上了知名企业的行政总监，她在这个岗位上做得有声有色。这一切完全得益于她在面试时的卓越表现，给董事长留下了美好的第一印象。

故事中的小王因为在就职竞聘中的良好表现，给董事长留下了非常好的第一印象，因此被破格提拔为行政总监。

心理学研究发现，与一个人初次会面，45秒内就能产生第一印象。这一最初的印象对他人的社会知觉产生较强的影响，并且在对方的头脑中形成并占据着主导地位。

当然，要想给对方留下良好的第一印象，我们除了要注意自己的言语外，还要注意行为举止、衣着打扮等。初次结识，一声温馨的问候、几句深入人心的话语，都能给对方留下美好的第一印象，而且这种良好的印象将会持续保留下去。总的来说，要想给对方留下好的第一印象，我们要从以下几个方面努力：

1.注意仪表形象

虽然以第一印象来判断和评价一个人并不客观，但生活中大多数的人都是如此。

仪表给人的第一印象一般都是最直观的，你的相貌、穿着等，会直接地让人联想到你的品德、修养、品位等各个方面。比如，很多时候，我们会认为一个长相甜美、笑容灿烂的女孩一定也是心地善良、性格好的人。其实，我们自己也清楚，相貌与心灵之间并没有直接的、必然的联系，甚至很多时候还是相反的。这也是我们应该克服的。

2.表达你的热情

你不要指望冷漠的态度会起到感染他人的作用，热情与快乐是一对连体婴儿。对方在感受到你的热情时，自然也就对你敞开了心扉，也会接收到你传达给他的情绪。

3.幽默

有人说，幽默是上天赐予的人的一种特殊的能量，它能带给人欢乐，也是积极乐观的体现。许多看似烦恼的事物，我们用幽默解释，往往可以使人们的不愉快情绪荡然无存，立即变得轻松起来。

4.用积极语言应对

比如，当你和人说话时，对方对你的态度突然间冷淡下来，这时与其一个人冥思苦想："难道我说了什么伤感情的话？"不如直接试着问对方："我是不是说了什么失礼的话？如果有的话请您原谅。"这样一说，即使对方真的有什么不满，心有不悦，也会烟消云散，因为你的坦诚已经让他原谅了你。

总之，与陌生人交往，你若想给对方留下良好的第一印象，就应该说好第一句话，用你的语言去感染对方。

寻找志趣相投的人，与那些理解自己的人相交

生活中，人们常说"物以类聚，人以群分"，人们只有在与"同类"相处时，才能感受到被理解和认同，这是获得归属感的重要来源。若非同类，便无法理解其真意，亦不知其善恶。而称赞与自己相似之人，还能令你感到自己也得到了认同。人有不同的层次，理解与称赞，乃至以迂回形式出现的自我认同，都是在同一层次的人中进行的。

中国人常说："人生得一知己足矣。"也许这就是友谊的最高境界。的确，大千世界，茫茫人海，多少人与我们擦肩而过，多少与我们有过一面之缘，但有多少人真正在我们的生命里留下印记，又有多少人真正走进我们的心里呢？

那么，什么是"知己"呢？所谓"知己"，顾名思义，就是知道了解自己内心的朋友。每个人都有很多朋友，但是真正的知己却很少。

马克思从青年时代就有着改造社会的宏图大志，正因如此，他总是受到反动政府的迫害，不得不长期流亡在外，过着

食不果腹的日子。

1844年，机缘巧合下，马克思在巴黎认识了恩格斯，共同的信仰使彼此把对方看得比自己都重要。马克思长期的流亡，生活艰苦，为了换得生存物资，他不得不去典当，有时候连买邮票的钱都没有，但他依然坚持进行研究工作和革命活动。

恩格斯为了帮助马克思摆脱窘境，开始经商，即使他讨厌成为一名商人。不仅如此，在事业上，他们更是互相关怀，互相帮助，亲密合作。他们同住伦敦时，每天下午，恩格斯总到马克思家里去，一待就是几个钟头，与马克思讨论各种问题；分开后，几乎每天通信，交流对政治事件的意见和研究工作的成果。

后来，恩格斯的妻子去世，马克思因为身陷囹圄而绝望，只简单慰问了一下，这使得恩格斯有点生气。但在随后的信中，两人的误会解开了。

恩格斯在给马克思的信中写道："我很感谢你的坦率，可能你也明白，上次你的来信对我造成了多大的困扰……我接到你的信时，她还没有下葬。那个星期，你信中的内容在我的脑海里挥之不去。不过现在好了，你最近的这封信已经把前一封信所留下的影响消除了，而且我感到高兴的是，我没有在失去玛丽的同时再失去自己最好的老朋友。"随信还寄去一张100英磅的期票，以帮助马克思度过困境。

这段伟大的友谊不禁让人感动，他们合作了40年，共同创造了伟大的马克思主义。正如列宁所说："古老的传说中有各种各样非常动人的友谊故事，后来的欧洲无产阶级可以说，它的科学是由两位学者和战友创造的。他们的关系超过了古人关于人类友谊的一切最动人的传说。"

的确，真正的知己不会受到外物的限制，就像伯牙鼓琴，志在高山，钟子期曰："善哉，峨峨兮若泰山！"志在流水，钟子期曰："善哉，洋洋乎若江河！"伯牙所念，钟子期必得之。那是心有灵犀的奇妙，是一种无须言说的理解，是永存心间的感动，是两人情操智慧的共鸣。

朋友有很多类，有莫逆之交，有点头之交，而知己则是朋友关系中最亲密的。很多人觉得莫逆之交就是知己，其实，莫逆之交也比不上知己。

那么，到底什么样的朋友才算得上是真正的知己呢？

首先，"知己"就是体现在"知"上，就是要能够互相了解、互相体谅、以诚相待，没有任何的欺骗，虽然这点看起来简单，但生活中能做到的人却很少。这也正解释了为什么知己难寻。

此外，知己还需要两个人有共同语言，只有有共同语言，才能相谈甚欢，才能有高山流水般的共鸣，否则，这种关系充其量只能称为朋友。

总而言之，知音难觅，知己难求，遇到志同道合者一定要珍惜。

生活中，相信你也有几个这样的死党，他们总是跟你一起工作，一起学习，一起经历人生路上的风雨，他们在你高兴时陪你一起大笑，在你失意时默默守护你，你们相互了解，有太多的共同语言。对于这些朋友，请一定要善待他们，因为他们给你带来了欢乐，因为有他们的相伴，你的人生才会更完整！

如何赢得更多人的认同

好的人际关系对于我们人生至关重要,哲学大师尼采曾说:"聪明的人通常都会明白如何才能使更多人站在自己这边。"在生活中,我们不难发现一个现象:那些懂得"拉拢"人心的人,总是能获得他人支持,他们无论是事业还是生活都顺风顺水,也能从中获得价值感和归属感,而那些人缘不好的人办起事来似乎总是处处犯难。

的确,人生活在社会中,总是要和别人进行交流和沟通的。在交流沟通中,自己能否最大限度地被人认可和支持,往往是由自己的社交水平、品位以及为人处世的方法所决定的,某种程度上可以影响一个人事业的成败。

因此,我们在人际交往中,应该注意做到以下几点,以此赢得他人好感、获取他人对自己的支持。

1.表达善意

生活中,可能我们有这样的感触,那些位高权重的人似乎都是高高在上的"孤家寡人",他们虽然让人敬畏,但却很少有人愿意与他们沟通。因为通常情况下,这些人的姿态太高,说话做事根本不会顾及别人的感受，当人们被伤害以后会形成一种防御心理，久而久之，人们都离他而去。相反，那些没有架子的人往往更能赢得他人的好感。

富兰克林少年时十分狂傲，凡是与他意见不同的人，都要遭到他的侮辱。后来，他改变了怪僻、好辩的性格，不再让人难堪，而是坦然接受反驳他的所有正确言论。在与人交谈时，他也和气了许多。这种转变，让他结交了很多朋友，最终成为一名杰出的政治家。

人际沟通中，善解人意的人通常会得到别人的认同，因为谁也不会反对被人关爱。多了解他人的感受，多表达你的善意，不仅能使你获得对方的好感，还有助于你树立良好的社交形象。

2.坦诚相待

在激烈竞争的环境中，人人都希望成功，希望出人头地。这种进取之心确实可贵，但无论你身处何地，有了何种成就，要赢得别人的好感，很重要的一点是首先要让别人相信你，这样才会觉得你可以信赖，才能以一种真诚的态度与你相处。所以，我们第一件事情就是不要对别人保密和隐瞒，应该以开放而坦率的态度与他们交往，以真心换真心。

3.谦恭自律

与人相处中,他人发现了你的优点,向你表示钦佩的时候,千万要记得说"谢谢",然后真诚告诉对方"其实这个没什么,你也可以的"。简单的"谢谢"会让对方发自内心赞叹。

4.豁达包容

在别人相处时,难免会遇到一些不开心的事情。如何对待这些小小摩擦,让关系变得更好就成为交往中很重要的一个环节。善于交往的人在处理这些不愉快的事情时,总表现出一种豁达的态度,这样让对方觉得真诚从而自动和好。同时,你用自己的态度来证明自己是一个值得信赖的朋友,相信别人也会用真诚对待。

5.通过热忱与激情表现你的信念

这些情绪相比其他东西来说是反应真诚的直观的指标。

6.时时刻刻给人好印象

人与人交往,印象是很重要的,好的印象对人际的交往有着激发和促进作用;不好的印象对交际起着阻碍作用。如果你始终以守信、正直、稳重和文雅的态度与人交往,那么无论在何时何地都会有人支持你。

总之,我们若想获得他人的支持,就要学会如何做事和做人,在做事上要力求做到有力度、有魄力、当仁不让,而在做人上要学会谦虚、低调。只有这样,你才能赢得他人的信任、器重,为日后的发展奠定更坚实的基础。

与人交往，不可一味地付出

我们生活的社会是个大集体，不少人缺乏集体归属感是因为不善于处理人际关系。一些人苦恼的是他们明白人际关系需要付出，但为何付出后却得不到回报？需要明白的是，人与人之间的付出不能是单方面的，过度的付出只会让对方感到为难。

一位漂亮的女士结婚不久就离婚了。当大家问起她离婚的原因时，她自己都觉得是天方夜谭。她的丈夫对她说："你对我太好了，我觉得受不了。"原来这位女士非常喜欢关心照顾别人，所有的家务都由她一个人包办，弄得丈夫、公公、婆婆觉得像住在别人家里一样。在单位，她也一样，什么事情都抢着做，时间一长，别人都觉得她的勤快是理所应当，只要她稍有松懈，别人都会有意见。慢慢地，她开始不适应单位的工作，只好辞职。

这位女士的做法明显是好事做过了头，这会让接受的人喘不过气来，于是就会产生一种"大恩不言谢"的想法，会期望着某一天也一定要为你做类似的事情作为回报。但是在没有报恩之前，他人会选择暂时离开和疏远你，因为他承受不起这份未还清的恩情。

诚然，要想获得良好的人际关系，我们就必须学会付出。只会索取，最终会赶走你的朋友。但人们似乎有一个误解——多付出就能有回报，于是，他们经常单方面付出、好事一次做尽，以为自己全心全意为对方做事会使关系更融洽、密切。可事实上并非如此，因为如果好事一次做尽，对方会感到没有预留的心理空间，也就是说，当你做完所有的好事后，你会"黔驴技穷""无所事事"，也会使对方感到难以回报。

事实上，任何一段健康的友谊都需要双方对等的付出，这是平衡人际关系的重要准则。人与人之间的交往要符合平衡的原则。当你为对方付出时，他必定会偿还你，但如果你做的太多、对方已经觉得无力偿还时，那么，他要么选择避开你，要么只会习惯于你的付出。聪明的人在交往中都懂得见好就收的道理，而一次只给对方一点恩惠，这样做会达到让感情不断升温的效果。

那么，我们在对别人付出的时候，具体应注意些什么呢？

1.给对方一个回报的机会

心理学家霍曼斯早在1974年就提出人与人之间的交往本质

上是一种社会交换,这种交换同市场上的商品交换所遵循的原则是一样的,即人们都希望在交往中得到的不少于所付出的。但如果得到的大于付出的,也会令心理失去平衡。

这给我们的启示是,人际交往中要想让双方获得心理平衡,在付出的同时,还要给对方一个回报的机会,否则,对方可能因为产生大的心理压力而疏远你。谁也不想欠下无法偿还的人情债。留有余地,彼此才能自由畅快地呼吸。

2.多次付出,把某些付出分成若干部分

生活中,我们有这样的感触:当一个男孩子主动追求一个女孩子,如果一次性把礼物送完,女孩在激动一阵之后会归于平静,如果在日后的交往中,男孩子没有表示的话,女孩会显得失望,但如果男孩把这些礼物分次送出,那么,女孩可以经常收到惊喜,对男孩子也就会更有好感。

同样,社交生活中也是这样,累积成若干次数的付出比一次性的"和盘托出"更奏效,更能巩固人际间的关系。

3.展现自己独特的人格魅力

人际交往中,我们每个人都是一个独立的个体,都应该有自己的个性。如果我们能提升自己,并展示自己的个性,就能形成独特的交际风格和魅力,你的社交范围也会因此扩展,因为社交魅力也是一种人际吸引力。

4.保持适度神秘

"距离产生美"这句话我们并不陌生，它同样适用于社交活动，我们与人打交道，也不可太过亲密，保持一份神秘会吸引他人主动与你交往，因为人们对于自己不了解的事物往往会表现出更多的兴趣。同时，多给对方一些空间与尊重，反而能赢得最后的胜利。

5.注意放低姿态

人际交往中，我们会遇到一些"好好先生"，然而，人们并不太喜欢这样的人，甚至不会发自内心尊重，因为对人过分好会给受惠方以弱者的感觉。因此，我们在给人好处、对人付出尤其是帮助他人的时候，要放低姿态，让对方在一种平等的状态下接受我们的帮助，对方也会感激我们的用心良苦。

为友谊付出遵循以上几点原则，相信你应该能找到准确的方向和度了。

总之，如果你因为对朋友太好却没有得到回报而苦恼的话，那么，你需要明白一个道理，不要过分对人好，要留有余地，要适当保持距离，这是感化别人的技巧，给得太多，反而吃力不讨好，因为对方心里已经没有了预留空间。

第 04 章

归属感与心理调节：缺乏归属感是高度孤寂的精神危机

生活中，一提到"心理问题"，大家都认为是洪水猛兽，而其实，任何人都有一定程度的心理问题，且大部分心理问题都或多或少与归属感的缺乏有联系，心理学家认为，缺乏归属感是高度孤寂的精神危机，实际上，长期存在心理问题也会使人的身心受到损害，使人无法正常地工作、学习和生活。为此，我们每个人都要做自己的心理治疗师，找到自己归属感缺乏的真正内因，并选择适当的方法获得归属感、战胜消极情绪，从糟糕状态中解脱出来。

缺乏归属感会增加一个人患抑郁症的风险

我们都知道,在我们的生活中,威胁人健康的不只是生理疾病,还有心理问题,其中就包括抑郁症,抑郁症以心情低落为主要特征,其表现为:对日常活动及周围的人和事物丧失兴趣;精力明显减退,出现无原因的持续性疲乏;思维迟滞,精神活动减少;自我评价过低、产生内疚感、陷于自责之中;在困难面前束手无策,一筹莫展;食欲不振,身体消瘦;失眠或嗜睡;性欲明显减退;会出现死亡的念头或有自杀的行为。

上述表现概括起来就是思想上无所寄托,生活上丧失信心,对亲友无牵挂,说到底就是归属感不强。

归属感不强主要表现为:对自己从事的工作缺乏激情,责任感不强;社交圈子狭窄,朋友不多;业余生活单调,缺少兴趣爱好;不喜欢读书看报,不注重汲取各种知识营养;缺乏必要的体育锻炼。

美国密歇根大学最新研究显示,缺乏归属感可能会增加患抑郁症的风险。研究人员给31名严重抑郁症患者和379个社区学院的学生寄出问卷,问卷内容主要集中在心理上的归属感、

第04章
归属感与心理调节：缺乏归属感是高度孤寂的精神危机

个人的社会关系网和社会活动范围、冲突感、寂寞感等问题上。调查发现，归属感是预测一个人是否经历抑郁症的最好方法，归属感低的人容易陷入抑郁状态。

早在1998年夏天，美国心理学专家就断言：随着商业化进程的不断推进，心理疾病对自身生存和健康的威胁，将远远大于一直困扰人们的生理疾病。

我们不妨用上述表现对照检查一下自己的生活方式和行为，然后作出是否存在心理疾患的判断。如果有了抑郁症的征兆，最好去找心理医生咨询。

我们先来看下面的故事：

王先生原本有个美满的家，有个美丽的妻子，但就在他三十岁那年，命运跟他开了个玩笑，刚怀孕五个月的妻子因在家中滑了一跤而流产，后来，妻子就被诊断出不孕症。整天郁郁寡欢的妻子又在一次交通事故中意外离世。王先生早已心力交瘁，但他还是坚持工作，并担任了几个小公司的兼职顾问，虽然很劳累、很操心，甚至很压抑，但是他从来不曾流过一滴泪，朋友都夸王先生是个硬汉！

后来，王先生感觉自己的头总是很疼，吃了头疼药也无济于事，朋友就推荐他去求助一位心理医生。心理医生告诉他，他内心的悲痛压抑太久了，如果想哭就哭出来。在医生的建议下,他将长久以来心中的苦楚以泪水的形式宣泄了出来,整个人轻松了很多。

案例中的王先生在失去家庭后,也失去了归属感,这是他心情抑郁的根源,对于王先生的情况,医生的建议是有效的,当心中的抑郁情绪得到宣泄后,心情才会轻松。不过,心病还须心药治,远离抑郁症,必须树立正确的人生观,热爱工作,关心亲友,增加社交活动,培养业余爱好,加强脑力、体力锻炼,使自己的生活充满乐趣。

杨太太是个细心的人,她发现7岁的女儿小云最近好像有点不太一样,总是闷闷不乐,在一个周末,母女俩又来到公园跑步,停下来休息的时候,杨太太对小云说:"能跟妈妈说说你最近怎么了吗?"

"没事。"

刘女士知道女儿没有敞开心扉,于是,继续引导:"没关系,你不想说,妈妈也不逼你。但你这样一天闷闷不乐的,不仅影响学习,对自己身体也不好啊。不妨发泄一下。"

"妈妈,其实我特别想哭,我真的好委屈。"小云眼眶已经湿润了。

"哭吧,你是妈妈的孩子,想哭就哭出来,在妈妈面前没什么丢人的。"

刘女士这么一说，小云一下子眼泪掉了下来，一边哭一边说："妈妈，我不是转到现在的学校了吗，他们都排挤我，我主动找他们说话，也没人搭理我。有一天，我去卫生间，结果她们几个女生在里面嘀咕，恰好都被我听到了，为什么她们要这样对我？"

"那的确是她们不对，但小云，你想想，人生其实就是这样，无论我们做得怎么样，总有不喜欢我们的人，对吗？遇到这样不顺心的事，你应该暂时停止学习，因为这时候学习是没有效率的，心情还会郁结。不妨放松一下，这样既可以转移注意力，也可以缓解大脑的缺氧状态，提高记忆力，还可以释放内心的不快。你要记住，妈妈是你永远的朋友，有什么都可以告诉妈妈。不过，你始终要明白，没有一个人是绝对受欢迎的，你不必太在意的。"

"谢谢妈妈，我知道该怎么做了。"

果然，小云又和以前一样，脸上总挂着笑脸，学习也有劲儿了。

的确，我们任何人，也包括我们的孩子，虽然有一定的抗压能力，但如果不被团体接纳，无法获得安全感和归属感，也会因为压力过大而患上抑郁症。而心理学实践表明，把自己遇到的压力、烦恼对别人说出来，有宣泄的作用。因为与别人交谈能让他们分担你的感受，让压力得到分散。

因此，对于我们任何人来说，都要尝试着打开心结，向他人倾诉，让压力得到释放，如果你不找亲朋好友倾诉一番，哪怕痛哭一场也总比一个人躲在家里自责强！把烦恼发泄出来了，"失意"的病毒便在你心里无处藏身了。

第04章
归属感与心理调节：缺乏归属感是高度孤寂的精神危机

抑郁症的典型表现

关于人类的健康问题，有一项统计显示，在美国抑郁症的患病率，与20世纪60年代相比，已经足足高出10倍，抑郁症的发病年龄也从20世纪60年代的29.5岁下降到今天的14.5岁。而许多国家，抑郁症患者的人数也在逐年增加，1957年，英国有52%的人表示自己感到非常幸福，而到了2005年，只剩下36%。但在这段时间里，英国国民的平均收入却提高了3倍。

生活中，当我们有三大主要症状：——情绪持续低落、思维迟缓和运动抑制的时候，我们一定要引起重视，这表明你可能抑郁了。抑郁会严重困扰人们的生活和工作，严重的还会导致抑郁症。它赶走了我们的积极情绪，使我们对周围的人丧失了爱。我们感到自己死气沉沉，缺乏生气。正如某个抑郁病人所说的；"我感到自己是一个空壳。"而这种感觉就是归属感的缺失，不知道该将自己的心放置何处。有个抑郁症痊愈者曾经这样陈述自己的经历：

"我从不认为自己很差，从整体上讲，我不认为自己很糟糕，但我觉得自己像'白开水'。我感觉自己既不是很可爱也不是不可爱，我觉得自己没有任何特别的地方。小时候，我常受到父母的忽视。他们从未虐待过我，但也没有关注过我。由于生活中没有人在乎过我，我产生了空虚感。"

很明显，这种不被父母关注和重视的感觉是归属感缺失的主要原因，也是其抑郁症的来源。我们如果长期被抑郁的情绪控制，生活将会失去光彩。抑郁的表现形式各有不同，但具体来说，有以下表现：

（1）很多时候感到心情沮丧。

（2）感觉疲惫。

（3）悲观或漠然（对现在和将来的任何事情都毫不关心）。

（4）对于以前的兴趣爱好也突然间失去兴趣。

（5）无法解释的疼痛（甚至身体上没有任何毛病）。

（6）体重急剧增加或急剧下降。

（7）有犯罪感或无用感。

（8）难以入睡或者过度嗜睡。

（9）经常莫名地有死亡的想法。

那么，抑郁症该怎样治疗呢？

心理专家认为，能否敞开心扉是抑郁症患者能否摆脱抑郁的关键。而抑郁症患者为什么很难做到这一点？因为他们有某

第04章
归属感与心理调节：缺乏归属感是高度孤寂的精神危机

种心灵上的顾虑，他们不愿意承认自己有抑郁症，更别说去积极主动地配合医生治疗。

其实，患者自己也能通过寻找心灵归属感来改善心理状态。

考研的成绩下来了，小林只差了一分，被清华大学拒之门外。当他得知这个消息的时候，心痛得说不出话来。这一年，他付出了太多，最终却以这样的结局收场。他有些接受不了这个事实，接连几天，他的心情糟透了，甚至一度吃不下睡不着。

一个偶然的机会，小林接触了一个做心理咨询的朋友，知道了自我暗示静心的方法。想到自己的情绪越来越暴躁了，听说自我暗示可以改善情绪之后，小林真心诚意地请教了朋友。

正好，小林租住的房子旁边有一个国家森林公园，学习了自我暗示的方法以后，小林经常早起去公园中静坐一会儿。远离了闹市的喧嚣，空气特别清新，尤其是早晨，花花草草都羞涩地探出了小脑袋，小鸟的叫声都显得尤其清脆。小林喜欢在湖边草地上静坐，依偎着大树，还能听到池塘中小鱼儿吐泡泡的声音，心中很安静、很踏实，那种感觉堪比住在依山傍水的别墅。一段时间以后，小林的心境越来越平和，他又找回了考试之前的信心，他坚信，在其他学校读研，只要努力，一样能学到真知识。

从这个故事中,我们不难发现,大自然也能给我们归属感,修复我们受伤的心灵,体验大自然中的美好是改善心理状态、提升自己的最好方法,能让我们看清自己,放下昨天的压力,重新面对明天。

如果已经达到抑郁症的程度,还是应该寻求心理医生的帮助,但很多抑郁症患者会选择偷偷吃药而不会公开病情,这是因为他们对抑郁症的认识不足,将它误认为神经衰弱、精神分裂,担心别人对自己抱以冷眼或歧视,背后传播流言蜚语,让本已伤痕累累的心灵雪上加霜,不敢袒露自己的苦闷。

我们每个人都要对抑郁症引起重视,并在日常生活中学会心理自愈,改善自己的心理状态,才能远离抑郁症,远离健康威胁。

第 04 章
归属感与心理调节：缺乏归属感是高度孤寂的精神危机

寻求朋友的帮助，用归属感疗愈内心的抑郁

有人说，人生如同一次征途，难免会面对种种困难，也会因此感到悲观失望，甚至看不到一点曙光。但如果我们能得到朋友们的鼓励和支持，我们就会重获力量，渡过难关。

研究表明，性格孤僻或跋扈、有缺陷的人，很难从当下活动或者人际关系中获得归属感，这样的人容易患者抑郁症，抑郁又会进一步使人际关系恶化，这是一种恶性循环。

小刘是一名品学兼优的学生，他马上就要硕士毕业了，但他的心里始终有解不开的结。毕业前，他终于向多年的好友敞开了心扉。

"一直以来，我都乐观阳光，人缘也不错。但我因为自己是乙肝病毒携带者而自卑，担心自己即使念到硕上，还是找不到工作，为此也痛苦过。我是从山沟里走出来的，怕父母失望，我曾以为这病是我经过的最痛苦的事情了，直到上星期我们班同学李继因为车祸成了残疾人，我才发现，自己比他幸福得多。能跟你把这些话说出来，我心里舒服多了。"

事实一再说明了这样一个令人感到遗憾和痛心的现象：有心理障碍并想不开的人，大多数没有寻求过心理帮助。很多人之所以会选择自杀，就是因为他们有过多的心理压力而又不选择向朋友们倾诉。现实中多数人还是回避自己的心理问题，不去勇敢地正视和面对它，没有积极地进行规范治疗，导致悲剧事件屡屡发生。

实际上，解铃还须系铃人，归属感的缺乏会导致抑郁症，我们为何不主动建立归属感呢？寻求朋友帮助是一个不错的选择。

心理学家发现，拥有3~5个挚友的人，比没有朋友的人寿命长15%。不论与朋友、爱人还是子女、父母，只要你拥有的关系是健康的，就能获得幸福人生。

那么，我们该如何向朋友寻求帮助呢？

1.自信交往

孤僻的人一般不能正确地评价自己，要么总认为自己不如人，怕被别人讥讽、嘲笑、拒绝，从而把自己紧紧地包裹起来，保护着脆弱的自尊心；要么自命不凡，不屑于和别人交往。孤僻者需要正确地认识别人和自己，多与他人交流思想、沟通感情，享受朋友间的友谊与温暖。

俗话说，自爱才有他爱，自尊而后有他尊。自信也是如此，在人际交往中，自信的人总是不卑不亢、落落大方、

第04章
归属感与心理调节：缺乏归属感是高度孤寂的精神危机

谈吐从容，而绝非孤芳自赏、盲目清高。要对自己的不足有所认识，并善于听从别人的劝告与帮助，勇于改正自己的错误。

2.学会与人交往

你可以多读一些有关人际交往的书籍，多学习一些交往技巧，同时，可以把这些技巧运用到人际交往中，长此以往，你会发现，你的性格越来越开朗，你的人缘也会越来越好，同时，你会收获不少知识，你认知上的偏差也能得到纠正。

3.寻找值得信任的朋友

只有值得信任的朋友，他们才会为你保密，真心地帮你解开心结。

4.不要给朋友带来困扰

你需要寻求帮助的朋友必须是那些内心坚强的人，如果他比你更容易产生抑郁情绪，那么，你只会为他带来困扰。

5.必要时候应该寻求心理医生的帮助

如果你觉得你的朋友并没有帮助你脱离内心的煎熬，那么，你应该说服自己，让心理医生来为你解疑答惑。

生活中，来寻求心理治疗的患者多半有两种情况，一种是自己已经认识到问题的存在，另一种是在爱人、朋友、父母的支持下来寻求心理医生的帮助，这对于患者的治疗和恢复有很大益处。

总之，了解抑郁才能更有效地远离抑郁。越早去面对心理创伤，就会越早走出心理创伤的阴影。而摆脱抑郁最重要的是敞开自己的心扉，与别人交流，才能找到病症，对症下药。

第 04 章
归属感与心理调节：缺乏归属感是高度孤寂的精神危机

追根溯源，童年阴影带来的阴郁情结如何摆脱

英国《精神病学》杂志曾经刊登过英国伦敦大学一项研究，结果显示曾经在年幼时遭遇过不幸的人在性格上更容易扭曲，即便是成年后，也很难完全摆脱童年时的阴影，而同时，他们也比一般的人更容易遇到健康问题。

童年时期的不幸遭遇会对人们产生深远的影响。那么，该怎样摆脱童年阴影呢？

我们先来看下面一个故事：

赵女士如今事业有成，家庭幸福美满，老公也是事业单位的骨干，还有个可爱的儿子，学习上面也从不让赵女士操心。在外人看来，赵女士应该生活幸福，毫无烦恼，但实际上，赵女士却长期失眠，总是会做噩梦。受到困扰的她不得不来寻求心理医生的帮助。

在医生的催眠式引导下，赵女士说出了童年那些不愉快：曾经，她有个幸福的家庭，父母都是知识分子，她有个可爱的弟弟，她常常带着弟弟和小伙伴们玩耍，说到这里，赵女士嘴

角还露出一点微笑。但后来,命运跟她开了个玩笑,在一次车祸中,她的父母双双丧生,剩下姐弟俩相依为命。多年后,赵女士凭借着自己的努力在事业上取得了一定的成功,也拥有了一个幸福的家庭。可是,她不快乐,这种挥之不去的痛苦来自弟弟。赵女士的弟弟阿强是个烂泥扶不上墙的人,由于仕途不顺,他自暴自弃,还沾染上了赌博的恶习,并且习惯了对姐姐的依赖。赵女士每次替他还清赌债之后都无比痛苦,她内心很挣扎,弟弟的不争气让她屡次想放弃,可是每当这种念头出现的时候,就会梦见逝去的父母。梦里的她常常觉得愧对父母而大哭,在矛盾心理的折磨之下,赵女士患上了轻度的忧郁症。

对于赵女士的痛苦,心理医生给出了以下建议:

让阿强也接受心理咨询,认识到自己已经不是孩子,不能一辈子在姐姐的保护下生活,应该承担自己应尽的责任,为自己的行为负责;赵女士本人需要将父母与弟弟区分开,明白父母已经离去,自己已尽到相应的责任,她的家庭是幸福的,要享受和家人在一起的时光,和他们分享自己的感受,而不是把注意力放在已经成年的弟弟身上。

从赵女士的经历中,我们更加可以肯定的是,童年时期遭遇的不幸会产生深远影响,无论是赵女士还是她的弟弟,其实他们都缺乏归属感,赵女士因为父母离世、失去亲人而内心愧疚，而她的弟弟更是将姐姐当成了自己归属感的来源，很明显，这两种心理都对他们后来的生活产生巨大影响。任何一个人，他不可能完全不受环境影响，而在童年时期，人的心智、思想等方面还未成熟，一旦遭遇到某些不幸，比如虐待、失去双亲、受不到关爱等，就很容易因为缺乏归属感而导致人格缺陷、性格扭曲，也会对人生观、价值观等各个方面产生负面影响。

但是，凡事都是有两面性的，那些有童年阴影的人，其实完全可以把这些经历转化为人生宝贵的财富与体验。有研究说明，85%的成功者在童年都会遭遇不幸或磨炼，比如美国总统林肯、女作家三毛等世界知名人士都是经历过很多不幸的人，但是这些经历并不影响他们的发展，反而促使他们成为最伟大的人。

所以，无论遇到什么，都不能成为我们消极处世的理由，最重要的是对待生活的态度和挫折承受力的培养。也许你认为自己是世界上最不幸的人，但实际上，并不是如此，别人可以从阴影中走出来，那么，你也可以。

如何走出童年心理阴影呢？这需要一个过程，心理专家一致认为，我们可以追根溯源，找到心理失调的根本原因，然后进行心理调节，当然，在这一过程中，你需要经历面对、接纳、包容，然后才能超越，最终获得健康快乐的心理状态。

缺乏归属感会引发过度焦虑

现代社会，不管是精神文明还是物质文明，都进入高速发展的时代。因为生活节奏的加快，也因为工作压力的增大，人们的心理问题越来越多，其中最普遍的就是焦虑问题。看看现代人的生活，几乎没有几个人是不被焦虑困扰的。不管是社会精英，还是农民工，几乎人人都无法摆脱焦虑的困扰。打个形象的比方，焦虑就像一场重感冒，是很容易扩散和传播的。要想避免焦虑无限蔓延，我们就要认清焦虑的来源，心理学家认为，归属感的缺乏也会引发过度焦虑。研究发现，当人们感到不被社会群体接纳时，他们会感到非常焦虑；一旦再次感受到接纳和认同，这种焦虑就会立即消失。

心理学家认为，没有归属感的人无法像孩童时期一样率性地做事和与人交往，他们总是有被遗弃的焦虑，在成年后，他们的行为举止会表现得特别好且经常帮助他人，但是他们的内心有一种不安全感，觉得自己可能会被抛弃，或者他们总是担心别人心情不好。无论是在工作还是与人交往，他们总是处于忧虑和害怕之中。

实际上，我们要想获得归属感，首先要做到内心强大，只有这样，我们才能合群。为此，我们需要主动与希望认识的人交谈并主动发出邀请。即使受挫，也要愈挫愈勇！

彼得·戈德希密特是一名律师，一次在《旧金山新闻》上看到对某个名人的采访，于是打电话给对方，希望能与他探讨其中一些问题。对方因为事务繁忙，并未同意且态度冷淡，但是彼得仍然坚持给他打电话，最后，他们终于在圣地亚哥见了面，并成了朋友。

很多人在团体活动中容易缺乏归属感，这部分人不了解自己内心的需求，不知道希望通过团体活动让自己获得什么。还有一部分人害怕自己不受欢迎，因此往往不会主动，越来越缺少归属感，甚至影响到正常生活。

如果出现这种情况，可以这样疏导缓解自己的焦虑：

1.摆正自己的位置并主动社交

其实，在团体活动中每个人需要做的是主动社交，如果被动社交则很容易被他人忽视。想要让自己变得合群，就要走出第一步——寻找和自己相似的人，在团队中找到属于自己的位置，为自己建立自信基础，这样就很容易迈出第二步。

2. 寻找需求压力

归属感是人的基础情绪调节方式，社交的本质就是为了能够让自己的情绪得到满足。社交场合当中可以适当与他人建立比较亲密的关系，寻找社交团体当中的需求感，即使原本比较恐惧社交的人，也应该主动寻找自己在人群中的定位，合理满足心理需求。

3. 学会倾听

生活当中很难找到一拍即合的人，多数情况下还是需要长时间接触才能建立比较稳定的关系。因此，在团体活动当中就一定要适当学会倾听，了解和满足他人的倾听需求。对于很多恐惧社交的人来说，这是一种比较不错的方式，也是拉近距离的好方法。

4. 注意循序渐进

归属感的本质就是为了能够让自己成为人群中的一份子，但是很多心理定位缺失的人容易将一次失败判断为自己终身失败。此时一定要学会自我疏导，循序渐进地处理关系，另外，一定要用合理的方式缓解自己人际交往过程中的焦虑感。

其实，归属感缺失也是心理疾病的一种，但是导致这种情况出现的原因比较多，例如对外在的不自信，或者内在的焦虑等，都可能引发这种现象。但是无论如何，只要我们意识到这个方面的问题，就一定要学会自我调节，或者寻求帮助。

第 04 章
归属感与心理调节：缺乏归属感是高度孤寂的精神危机

你为何总是焦虑不安

　　孩童时代的你，大概有这样的体验：睡在母亲的臂弯里，你觉得很安全；和最铁的朋友谈心，你觉得很踏实。而到了成年后，我们更是在寻求值得信赖的人，这样会让我们更安心点，当我们受伤时，他能给你慰藉和照顾；当你遇到困难时，他能帮助你；当你为未来迷茫时，他能指点你……这就是归属感，然而，从小就缺乏归属感的人，随着年龄的增长，是很容易焦虑不安甚至影响健康的。如果他始终无法正视自己的心理状况，只会让自己越来越忧虑。心理学家指出，我们可以对那些存储着重要的情绪信息的次感元进行修改，以此来改变人们的情绪。那些总是感到不安的人，首先就是要找到问题产生的原因，从而疗愈自己。

　　因为家境贫困，再加上爸爸酗酒，所以霏霏的内心非常自卑。在初中时期，有一次，霏霏作为班长带领班级的几个骨干出黑板报，耽误了晚上回家吃饭。妈妈做了肉丝，用大饼包着让爸爸送给霏霏。不过，让霏霏惊讶的是，爸爸居然还带了一罐八宝粥。要知道，家里平时可是很少吃八宝粥的，霏霏心里觉得暖暖的，但也很生气。霏霏很了解爸爸，只看了一眼，她就知道爸爸又喝多了，眯缝着眼睛，话也特别多。因为爸爸酗酒，总是和妈妈吵架，给霏霏带来了很大的心理阴影。看到爸爸醉醺醺的样子，霏霏根本不想搭理他。后来，同学问霏霏，为什么爸爸给她送饭，但她却好像在生气。霏霏无言以对，因为她不能告诉同学爸爸酗酒给家庭带来了很大的伤害。就这样，霏霏变得越来越敏感和自卑，她总是问自己，为什么没有一个不酗酒的好爸爸呢？为此，她不仅无法从家庭中得到安全感，甚至觉得自己在同学们面前矮人三分，即便她的学习成绩始终名列前茅。几年时间过去了，霏霏变得越来越沉默，常常夜里睡不着，翻来覆去的，高中三年，她总是显得疲惫不堪，人也瘦了十几斤，不过庆幸的是，通过不懈努力，她还是顺利考进了一所师范院校。

大学期间，霏霏和几个同学辅修了心理学课程，渐渐地，她掌握了一些自我催眠暗示的方法，每当她为爸爸酗酒的事自惭形秽时，她就暗示自己："每个人都是独立的，爸爸有他喜欢的生活方式，我是我自己，我应该自信起来。"久而久之，霏霏自己好像也有不少的变化。她发现自己很喜欢写文章，老师便鼓励霏霏参加文学社。霏霏担心自己不行，迟迟没有答应。直到又发表了几篇文章之后，她才鼓足勇气参加了文学

第04章
归属感与心理调节：缺乏归属感是高度孤寂的精神危机

社。进了文学社不到一年时间，霏霏就因为表现出色被大家推选为副社长，很受同学和老师的喜爱。渐渐地，她不再那么自卑。大学毕业后，霏霏因为具有文学方面的才华，被学校保送某著名大学的中文系读研。而现在的霏霏，心里踏实多了，每个夜晚，她都能安然入睡。

很难想象，霏霏幼小的心灵因为爸爸酗酒承受了多么大的压力，甚至每次考试都是班级第一名也无法排解她的自卑心理。从某种程度上来说，爸爸酗酒的事情像阴云一样遮住了霏霏的天空。而这种不安是她焦虑的主要原因，幸运的是，霏霏是个懂得自我学习和进步的人，她也通过自己的努力，找到了自己在文学方面的特长，就这样，她渐渐地有了自信，对人生也充满了希望。

可以说，现代社会中的人多多少少都有一定程度的焦虑，事实上，这一点已经被很多心理医生证实，而他们和患者沟通的第一步，就是帮患者缓解不安感。我们可以和故事中的霏霏一样，找到让自己不安的原因，然后逐步提升和调节自己，让自己摆脱焦虑。

第 05 章

归属感与社交维护,如何为他人创造归属感

社会生活中的每个人都不可避免地要与周围人打交道,能否拉近距离、建立关系,取决于我们是否让他人感受到信任、依赖和支持,这就是归属感,然而,为人创造归属感,也需要我们懂得一些心理策略,从抓住对方的心理开始,步步为营,便能攻破对方心理防线,赢得真正的友谊!

一回生二回熟，多联系才能维持亲近

假设你有这样两个大学同学：你们三个人的关系很好，但大学毕业后，你和其中一个同学去了同一个城市，你们经常见面，每次聚半天；而另外一个同学去了另外的城市，你们几乎很少见面，也很少通电话，几年过去了，你更喜欢谁？与谁更亲密？很明显是前者，这就是"多看效应"，见面次数多，即使时间不长，也能增加彼此的熟悉感、好感、亲密感。相反，见面次数少，则难以消除生疏感。同样，人际交往中，我们多增加与朋友接触的机会，自然就能融入对方的生活圈子。

1950年，美国三位社会心理学家对麻省理工一栋学生住宅楼展开了调查。这些楼房都是两层的，每一层包括5家住户。

在调查过程中，所有的住户都被问过这样一个问题：在居住社区里，与你常打交道的最亲密的邻居是哪位？统计后的结果发现，随着居住距离的接近，交际次数的增多，他们的关系越亲近。在同一层楼里面，与相邻住户交往的几率是41%，隔开一户后交际几率就变成了22%，隔开三家之后交际几率就只剩下10%。相隔几户并没有增加多少实际距离，但是其亲密程度却表现出很大不同。

通过上述实验，我们可以获得一种信息，即如果想要和某人建立亲密的关系，就必须主动地和他接触，增加在日常生活中的联系。如此一来，随着两人交往深入，彼此之间印象也会更加深刻。所以不管是友情还是爱情，都不可能发生在两个完全陌生的人身上。情感建立需要适度的空间距离，也需要合适的心理距离，这样彼此才愿意接纳对方，才能产生安全感和归属感，情谊才会增进。

小米是一家外贸公司的职员，在公司，小米是个人人都羡慕的人物，因为她不仅长得漂亮，还一进公司就当上了总经理的秘书，所以经常会有同事来恭维她："你看看你多好呀，离老板最近，不像我们，老板可能都不知道我们名字呢，你肯定是晋升最快的。"

同事的这些话确实也让小米高兴了一阵子。小米家境优渥，父亲是商人，母亲是教师，身边从不乏献殷勤的男生。所以从小小米性格就十分孤傲，不喜欢主动迎合别人，尤其是说一些好听的话。开始工作之后，她也知道应该和老板处理好的关系，但她就是说不出口，本来在别的同事眼里很正常的话，到了她这就觉得是趋炎附势了。

一开始老板还会率先打破沉默，主动和她聊天，说一说生活中的见闻。可是渐渐地老板便不再主动找她聊天了，就算说话也仅限于工作。办公室的气氛直线下降，小米觉得很压抑，她很想主动打破沉默，但是话到嘴边就是说不出来，导致和老板的关系陷入了僵局。

很多人就像故事中的小米一样，说自己不是不喜欢与人交往，只是很害羞。因此，并不懂得如何主动与人保持联系。事实上，与人交往很简单，只要你一句真诚的问候，彼此间的陌生感就会慢慢消融。

人与人之间的交往需要技巧，在每个人的心底，其实都存有一个友善的想法：多结交一些朋友。很多人之所以缺少朋友，仅仅是因为他们在人际交往中总是采取消极的、被动的方式，实际上，友谊和爱情不会从天而降，需要我们用心经营、频繁互动。

因此，如果我们要想保持和朋友的关系，真正走进对方心里，就需要和对方持续的接触，那么，我们该怎样做呢？

1.主动交往，关心对方

很多时候，人们参与社交，都有寻求呵护这一目的。因此，如果你能主动关心对方，并尽量帮助其解决一些实际的问题,那么,便能满足对方这一心理,对方自然会对你信任有加,未来交际的可信度与有效度也会明显提高,对方与你交往的渴望程度也会大大增加。

2.弱化和朋友间的竞争

人与人之间,尤其是朋友间,最大的致命伤就是竞争,包括嫉妒。一味地竞争,杀机四伏,着实会使人草木皆兵,给人际交往带来重重障碍。有时候,我们不妨主动向朋友表明心意,给他带来安全感。只有这样,朋友才愿意接触你,才愿意和你发展友谊。这是优化交际环境,提高交际质量的根本策略。

3.注意交往适度

与朋友接触,的确可以加深感情,但要注意度,即使再亲密的朋友,也需要有个人空间,如果你为了友谊而占据对方的私人空间,恐怕就事与愿违了。

4.见面时间长,不如见面次数多

比如,你想追求某个女孩,偶尔见面在一起待一天,还不如经常约见;再比如,你想通过汇报工作来赢得领导的注意与重视,一次性将你一个月的工作汇报完,还不如经常汇报。这一点,同样适用于人际关系的建立。要知道,为了给对方留下好印象,你一个人滔滔不绝地说话,效果反而不好。你不妨找机会多与对方见面,每次时间别太长。这样能给对方一定的思维空间，让他回味，就会期待与你的下一次见面。求人办事也一样，千万别一次把礼送完，想想看，把10万元分成10次送出去，是不是比一次送10万元效果要好很多？把礼物分成多份，这样可以加深对方的印象，混个脸熟，还能减少对方一次性接受10万元的心理压力。

总之，我们要想保持友谊，就需要持续的接触，只有这样，你才能攻破对方最后的心理防线，成为其真正意义上的朋友，并真正融入对方的圈子。

第 05 章
归属感与社交维护，如何为他人创造归属感

多提相似共通之处，制造情感共鸣

中国人常说："一回生两回熟。"这句话的意思是说，人与人之间总有从相遇到相识再到相知的过程，即使是陌生人，经过一番了解，也会成为朋友。的确，在家靠父母，出门靠朋友，人生路上关键时刻朋友的帮助能让我们脱离险境，甚至让我们飞黄腾达，这是无数成功者的切身体验和宝贵心得。一个善于交朋友的人，一般都能做到处处受欢迎，事事得到他人帮助，毫无疑问，这样的人，在竞争激烈的现代社会会多几分把握。那么，朋友从何处来？很简单，从陌生人而来，然而，并不是所有人都能与陌生人结交。心理学家告诉我们，让陌生人产生认同感和归属感是拉近关系的前提，我们可以从彼此之间的共同话题和相似之处入手，暗示对方你们是同类人，是可以相互信任的，以此制造情感共鸣，这样能拉近彼此距离，促进沟通。

在一家旅店，一位旅客正悠闲地躺在床上欣赏电视节目，一位刚到的先生放下旅行包，稍拭风尘，冲一杯浓茶，开始研究那位看电视的旅客。

"你家乡是哪里啊?"

"扬州。"对方回答。于是,他就顺着扬州往下发挥:"是吗?我姑妈家也在那儿。小时候我在那儿住过一段时间,那是个不错的好地方呢,不但风景美丽,住在那儿的人们也颇具文人气息。"

"是啊,我们扬州……"谈起家乡,对方很快兴奋起来。于是,两人很快熟络了。

在上面的例子中,两位互不相识的旅客能够一见如故,就在于他们之间有共鸣——扬州是个好地方。

人与人在性情和志趣上不仅存在着差异,还有相同之处。从心理学角度看,相同则相通,共同的兴趣和爱好能将人拧在一起,共同的目标和志向能使人走到一块。所以,我们在与陌生人交谈的时候,能不能让对方产生一见如故的感觉,关键就在于双方是否能在相同之处产生"共鸣"。只有这样,才能把握陌生人的心理,与陌生人迅速熟络并建立友谊。

那么,我们怎样才能制造共同点,从而拉近与对方的距离呢?

1.适时切入,看准形势,不放过应当说话的机会

任何沟通都是双向的,单纯地了解他人,而不给对方了解

我们的机会，同样起不到良好的沟通效果。因此，你应该选择时机，适时地表现自己，把你的内心敞开让对方了解，有助于实现彼此的"互补"。

2.寻找"牵线搭桥"的媒介

如果对方手中有一件东西，你可以借机询问："这是什么……看来你在这方面一定是个行家，正巧我有个问题想向你请教。"对别人的一切显出浓厚兴趣，通过媒介表露自我，交谈也会顺利进行。

3.重复对方的话和对方的名字

可能有些人会问，这是为什么呢？其实，很简单，重复对方的话，表明你很在意对方的感受，听进去了他的想法。而不断地称呼对方的名字，往往会使刚刚才认识的人产生彼此已经认识了很久的错觉。

4.多强调你们之间的共同爱好和兴趣

如果你发现和对方存在一些共同点，那么，纵使这一共同点再微不足道，也要强调。因为人与人之间，只有具备相似性，才有继续沟通的愿望，才能消除彼此间的陌生感。但随着时间的推移，这种"热乎劲儿"很快就会过去，因此，你必须经常强调，这也有助于加深对方的心理认同感。

5.多关心对方，哪怕再小的事

要知道，认同感的产生，表明你已经赢得了对方的好感。

通常情况下，如果你将这种好感搁浅，你们会返回到陌生人的状态，因此，你不妨多关心对方，这种关系自然会深化。

比如，你可以经常赞美对方的变化，从小处入手，哪怕是件小小的饰品，夸奖几句也会让他感觉很愉快，或者将他的名字写在记事簿的首页。表示对别人关心的方法很多，其中记住对方曾经说过的话，然后向对方表示"您曾说过……"，是相当好的一种方法，另外，记住他的爱好，并时常表示一下，也会让他欣喜万分。

6.适当留白

交谈时，不要把话说尽，而应该留一些缺口让对方接话，从而使对方产生"心有灵犀一点通"的感觉。

当然，加深对方认同感的方法还有很多，只要我们做个有心人，没有搞不好的人际关系，没有留不住的朋友！

总之，与陌生人交谈，我们应该多看到别人与自己的共同点，而不应该去计较与自己不同的方面，并巧妙暗示对方你们之间有共鸣，只有这样，才能"合群"，才能叩开对方心灵的大门！

给予对方认同，能让对方敞开心扉

我们都知道，现代社会竞争激烈，人们都在高压之下生活和工作，都希望获得他人的理解，而很多人之所以不愿意敞开心扉与人沟通，最重要的一点就是找不到属于自己的听众，也就是归属感。为此，如果你希望对方向你敞开心扉，那么就要多给予对方认同，使对方心情愉快，从而换来对方的理解和信任。

毕加索的妻子弗朗索瓦兹·吉洛特很喜欢绘画，而且在画画的时候不喜欢被别人打扰。一次，儿子小科劳德想让妈妈带他出去玩，可吉洛特已全身心投入绘画上，听到敲门声和儿子的喊声，只是回应了一声"哎"，便接着埋头作画。儿子没放弃，又说："妈妈，我爱你。"可得到的回应也只是："我也爱你呀，我的宝贝儿。"门却并没有打开。儿子又说："我喜欢你的画，妈妈。"吉洛特高兴了，她答道："谢谢！我的心肝，你真是个小天使。"但是仍旧没有开门。儿子又说："妈妈，你画得太好看了。"这时吉洛特停下笔，却仍然没有开门的意思。儿子继续说："妈妈，你画得比爸爸画得还好。"吉洛特知道，自己的画肯定不及丈夫画得好，但儿子的话却让她欣喜若狂，她也从儿子那夸张的评价中感到了儿子的急切心情，终于把门打开了，答应陪儿子一块出去玩。

小科劳德是怎么说服母亲的呢？正是用不断认同的方法敲开了专心作画的母亲的门。

的确，人们都有这样的感觉：与志趣相投的人谈话其乐无穷，与志趣相异的人谈话会感到"话不投机半句多"，也就是说，人们都喜欢交谈者能认同自己。掌握人们的这一心理，在沟通时，你要多肯定对方，让对方感到你与他志趣相投，对方一定乐意向你倾诉。

小李和小张在同一家软件公司工作，她们实力旗鼓相当。

一次，在公司召开的销售大会上，小李谈了一些自己对当前软件销售前景的看法，并提了一些具体的建议，而这些建议与小张采取的销售策略和主张截然不同，小张自然很生气。心直口快的小张丝毫不隐瞒自己的观点，在会上慷慨激昂地进行反驳，以她对市场调查得来的第一手资料，说得小李面红耳赤，哑口无言。

事后，小李一直怀恨在心，慢慢地，小张由以前的好朋友变成敌人。奇怪的是，小李也真神通广大，后来领导一纸调令，小张被"流放"到仓库去当管理员了。

会上，小张为逞一时之快，实话实说，否定了小李的观点，让小李丢了颜面，导致小李经常在领导面前说她心高气傲、目中无人，小张被流放也就不足为奇。

可见，巧妙地处理人际关系，最重要的一点就是掌握"认同别人"这一说话艺术。再也没有比这更简单的技巧了。从今以后，请积极地认同别人吧！只要你懂得并善于运用认同的艺术，你就会成为一个受人欢迎的人。

那么，在人社交中，怎样运用"认同别人"这一心理技巧呢？

1.要有认同的态度

如果你根本不认同对方的观点，那么，切不可虚伪作态。当你的一言一行都是假惺惺的，你自己都无法说服自己，又怎么能说服别人呢？

2.学会表达出来

不要指望你对对方的暗示能让他感受得到，要想让他们知道你赞同他们的意见，不妨直接说出来，"我同意您的说法""您说得很对，我完全赞同""我认为您的看法很好"。

3.不认同也不要直接表示反对

直接反对只会导致双方的争执，这样你会很快与人产生矛盾，失去很多，所以，请不要轻易否定别人，除非不得不这样做。

4.避免与人争论

人际关系中最忌讳的就是与人争论。因为没有人能从争论中获胜，也没有人会从争论中赢得朋友。即使你是对的，也不要争论，这不是解决问题的最好办法，请务必记住这一点。

5.用点头来表达肯定对方

交流的双方都希望对方能倾听，也希望获得认可和肯定。尽管你可能并不赞同他的一些想法和看法，但是对于他来说，因为你没有反驳和辩解而认定你是支持和肯定他的，从而把你当作自己人。因此，要想获得他人的好感，就要通过不断地点头来肯定对方的说法有一定的合理性。

6.发现对方见解的独到性

盲目地否定别人的意见，许多时候只是因为对别人的排斥。如果能够做到理解别人、体贴别人，那么就能少一分盲目。为此，我们要善于发现别人见解的独到性，多角度地看问题，别听到不同的观点就怒不可遏。

当然，认同他人并不是毫无原则的，一味地逢迎反倒会引起别人的反感。因此，我们要把握好说话的分寸，管住自己的嘴巴，知道什么该说，什么不该说，该说的时候说得恰到好处，你的话才不会惹恼他人，你才能取得良好的沟通效果。

用真情打动朋友，加深彼此关系

生活中，我们可以发现，有一些人在生活与工作中，似乎能得道多助，如鱼得水。也许我们会惊叹，他们的好人缘来自哪里？其实很简单，他们懂得如何感动他人。希望得到别人的关心和注意是人的一种正常需要。人是情感动物，都会受到周围环境的影响，尤其是那些感性的人，要想打动他人，让他产生安全感和归属感，最好的方法莫过于以情动人。

如果我们能主动关心朋友，那么，对方心中会有一种温暖、安全的感觉，就会充满自信和快乐。"投我以木瓜，报之以琼琚"，当对方感受到了你的关心之后，必然也会从内心感激你，进而也愿意关心你，这样，彼此之间就形成了一种友好的关系。当然，关心他人，不仅要热情，还要真诚，当他人对你的求助是合理的、你能帮忙解决时，你就应该主动关心和帮助。

张婷是一家大公司的小主管，负责采购事宜。有一次，公司采购部的车出了问题，而刚好总经理专用车司机刘师傅的轿车停在附近，出于顺路，刘师傅准备载她一程，这是她第一次坐刘师傅开的车。当时正值上下班高峰时间，路上交通拥挤，而张婷还赶时间，刘师傅也着急得不得了。这时，张婷开口安慰刘师傅道："刘师傅，这么多年，你每天都要在这样的交通状况下负责经理的出行，真是很辛苦啊。"想不到这句关心之语使刘师傅非常高兴，因为他已经做经理司机十年了，十年来，经理都没跟他说过一句"辛苦了"。刘师傅感动得不得了。后来，刘师傅对当时的情景还感怀在心，私下里经常主动帮张婷的忙，再后来张婷担任采购部经理，他还时常地夸奖张婷，说总经理体恤下属、慧眼识英才等。

故事中的张婷之所以会与刘师傅结下良好的关系，就在于其简单的一句关心的话。的确，在工作中，我们每个人都在为自己的工作忙碌着、辛苦着，渴望得到别人的肯定，有时候，简单的三个字"辛苦了"便是最好的关心。

因此，你若想拥有好人缘，就需要真心关怀身边的朋友，做到发自内心地体会别人的感受，久而久之，对方就会被你打动。

具体来说，需要你做到：

1.主动与对方交往

人际关系是在"互动"中产生联系和变化的。没有密切的交往，就没有良好的人际关系，这与一个人的交往水平也有一定的关系，交往水平高，人际关系就越容易密切，反之亦然。

因此，无论你的工作多么忙碌，你都应该抽时间与你的朋友多聚一聚、谈谈心，讨论某些问题，交换一些意见，互相传递信息，这都可以加深对对方的了解和信任。

日本政治家河野一郎就非常善于使用这个技巧。（1959年他在美国旅行时，与多年不见的好友米仓近见了面。双方互道近况，知道彼此都已成家，并留下了国内的住址和电话。当晚一回到旅店，河野一郎便打国际长途电话给米仓近太太："我是米仓近的老朋友，我叫河野一郎，我们在纽约碰面了，他一切都很好。"米仓近太太为此感动了很久，两家的关系很快就亲近起来。

2.重视对方的谈话，显出你的关心

人们都有同样的心理，那就是希望得到别人的理解和关心。因此，如果我们能满足对方的这一需求，就能赢得他的好感。当然，当我们向对方表示关心的时候，并不需要过分表现出来，因为通常隐匿的关心更有效果，比如，我们可以重复别人说过的话："以前，你曾说过……"特别是当你说出了对方的兴趣或经历时，对方会因你对他的重视而感到欣喜，马上打消对你的戒备，由此增进彼此关系。

另外，生活中常会有意外发生，如果你的朋友、同学、同事等突然遇到一些困难、灾难，你应该及时出现，真心关心、安慰他们，并帮助他们渡过难关。

当我们有与对方交往的意愿时，就要主动并表达你的真诚和友好，让对方真正地感受到你的关心，与此同时，不要忽视共同话题的作用。随着时间的推移，他必然能被你打动！

多说"我"和"我们",自己人才有安全感和归属感

我们都知道人喜欢待在熟悉的环境里,和熟悉的、和善的朋友交流,这才会有安全感和归属感。很多时候,我们说起某个人天生有人缘,即使在一个陌生的环境,只要他一开口,马上就会调动起周围人的情绪,受到大家的喜爱。而有的人即使心怀善意、笑脸相迎,也很难快速融入一个新的环境中,顺利地与人交流。心理学家认为,人缘好的人,他们在有意或无意中利用了心理学上的"自己人效应",因为是"自己人",所以会感到更加容易接近。而这种相互接近通常会使交往对象之间萌生亲切感,并且更加亲近、相互体谅。

因此,要与他人搞好人际关系,就不得不强化"自己人效应"。从这个角度而言,就要多强调"我"和"我们",因为"我"和"我们"是第一人称,是暗示对方"我是自己人",这有助于促进双方的交流,加深彼此的关系。

当然,除了多提"我"和"我们"来暗示彼此是自己人之外,还有很多方法,无论如何,只要你能主动表明你和对方在

价值观、态度、兴趣以及其他某些方面相近或者相同，那么，就会让对方感觉到你们是同一类人，进而拉近彼此间的心理距离，最终建立良好的人际关系。

具体来说，与人交谈中，你可以这样制造"自己人效应"：

1.多强调你们之间的共同点

若与对方有共同点，就算再细微的也要强调，人与人之间一旦有了共同点，就可以很快地消除彼此间的陌生感，产生亲近的感觉。这样不但可以使对方感到轻松，也可以促使对方说出真心话。

比如，对方喜欢集邮，那么你可以说："我对邮票也非常有兴趣，可是一直不知道如何收集和分类，您能给我一些好的建议么？"如果对方是个时尚女性，那么，她对服饰和妆容应该会感兴趣。如此一来，当你在跟对方沟通时就不怕没有话题，也比较容易拉近关系。

2.多说"我"和"我们"，少说"你"

为了能让对方觉得你和他是站在统一战线，你在说话的时候，不要总说"你应该……"而应常说"我会很担心的，如果你……"

3.理解对方的感受

无论对方是向你报喜还是诉苦，最好暂停手边的工作，静心倾听。即使边工作边听，也要及时作出反应，表达自己的想法或感受，倘若只是敷衍了事，对方得不到积极的回应，他也就懒得与你交谈了。

即使是刚认识的陌生人，也会有相似的地方，可能是共同的兴趣爱好，或者在籍贯、经历方面有相似。总之，共同的话题可以有很多，只要你多花些心思，善于观察，并且善于暗示对方你们是自己人，就能起到促进交流的作用。

关键时刻雪中送炭，能让对方觉得你值得信赖

我们都有这样的经历，走进一间陌生的房间，或是与一个不熟悉的人碰面时，在心里对自己说的最多的一句话，就是："这个人是什么样的人，我可以和他交往吗？"的确，面对陌生人，人们总是本能地带有警惕和戒备的心理，这是人类在进化中形成的自我保护的方法之一。因此，如果你想迅速地拉近和陌生人的距离，最好的方法就是当对方出现困难时主动帮助，毕竟人们对于雪中送炭都是心怀感激的，并且会很快放下戒备心。

小林在单位是个人缘极好的小伙子，在不到半年的时间里，就从一名普通的销售员做到了销售主管的职位。有朋友问他升职的秘诀，他笑了笑说："无论是上司还是同事，都是有情感的，无论他们遇到什么，多去体会一下他们的心情，多理解他们，多帮助他们，自然就和他站在了同一战线上，还有什么关系搞不好呢？"

有一次，小林准备给经理送文件，却在办公室外听见经理

第 05 章
归属感与社交维护，如何为他人创造归属感

的怒吼声，原来是秘书小徐忘了及时给办公室购买饮品。"我要你这秘书干什么吃的？这点小事都忘了？"

小林敲门进去后，立马为秘书解围："张总，您一天这么多事要处理，别为这点小事气坏了身体啊。对了，昨天我一个朋友从外地给我带了今年新出的碧螺春，我一会儿给您送过来尝尝？"听到小林这样说，张经理脸上紧皱着的眉头才稍微舒缓一点。

而这件事后，秘书小徐也就记下了小林的"恩情"。在业务上，无论有什么新消息，都第一时间通知小林。

小林在事业和人际关系上一帆风顺，得益于他深知这样一个道理：人际交往中，帮助他人会给对方一种暗示："我是值得信赖和依靠的。"从而让对方产生安全感和归属感，拉近彼此间的心理距离，产生积极的交际效果。

从心理学的角度看，人们在心理上都会有一个"安全距离"，并以此为直径为自己划定一个"自我保护圈"，在这个"保护圈"内，人们会觉得很安全，只有最亲近的人才可以踏入，因为他们对亲近的人是不设防的。而对于陌生人来讲，当你处于他的"保护圈"之外时，对方不会产生警惕和戒备心理；如果你走进他的"保护圈"，对方就会感觉到不安，并试图拉开你们之间的距离。但当你已成功地进入了对方的"保护

圈"之内，往往会产生对方是自己亲密者的错觉。

1.合乎时宜

我们帮助他人，要学会见机行事、适可而止。这里的适宜指的是"时间"的问题，在对方求助无门的时候出手，更容易让对方对你心怀感激。

2.雪中送炭

俗话说："患难见真情。"最需要帮助和鼓励或者赞扬的不是那些早已功成名就的人，而是那些因被埋没而产生自卑感或身处逆境的人。他们不仅需要物质帮助，还需要精神鼓励，如果我们能雪中送炭，并在他不断努力、接近成功的过程中对他们不离不弃，你交到的将是一生挚友。

3.小处着手

在日常生活中，我们给人提供帮助的时候，要从具体的事件入手，越小的事件越好，因为这样可以体现出你的细心和诚意；给予的快乐越翔实具体，说明你对对方愈了解，对他的长处和成绩越看重。让对方感到你的真挚、亲切和可信，你们之间的距离就会越来越近。

总之，与人交往，主动帮助他人，这是一种感化他人的技巧，掌握这种技巧，能迅速拉近彼此间的心理距离。

第 06 章

归属感与企业管理：如何提高员工忠诚度

古人云：得人心者得天下。即使到了现在也同样，只有真正赢得了员工的心，才能运营好公司。赢得员工的心，我们也称为员工对企业的归属感，员工只有感觉到被尊重、肯定和认可，才会产生归属感，也才会为了企业的利益全心全意地奋斗。这就要求管理者在平时工作中要多点人情味，提高员工对企业的忠诚度，只有这样才能让企业在竞争中无往不胜。

培养员工的归属感

提到现代企业，我们最容易想到的就是人性化管理，所谓人性化管理，就是在整个企业管理过程中充分注意人性要素，以充分挖掘人的潜能为重点的管理模式。的确，一个企业其实就像一个大家庭，而每一个员工就是家庭成员。一个家庭，只有做到"家和"，才能"万事兴"，同样，一个企业的发展，贵在人和。而人和就离不开"暖意融融"的人文关怀。作为企业的大家长，管理者只有正确把握好方式方法，坚持用真诚、平等、温暖的态度去管理，才能让人保持积极向上的心态，才能使全家上下具有共同的奋斗目标和价值追求，对组织有充分的信任感和依托感，进而推动企业繁荣发展。

一到年底，看到别人拿着一大笔的年终奖，小崔就有跳槽的冲动。她现在所任职的这家公司，由于体制原因，比同行业公司的收入要少很多，尤其是各项福利待遇是全行业最低。"工作说到底就是赚钱养家，高薪当然更具吸引力"，小崔说。

虽然想过跳槽,但她从来没有付诸过行动,个中原因就是她很享受现在的工作氛围。"公司的人际关系并不复杂,我和同事关系也都非常好,特别是老板为人也比较厚道",小崔觉得,在这样的环境里工作,心情一直非常舒畅,干得开心比什么都重要。要是换了一家公司,遇到一个不好的老板,那就得不偿失了,因此,她决定在这家公司坚持干下去。

小崔的心态真实反映了相当一部分职场人士的心态。与同事、领导的和谐关系与高薪相比哪个更重要?不同的人因为各自追求和所处环境不同,自然答案也不尽相同。但不可否认,很多人都选择了前者。他们之所以有这样的选择,因为他们在企业内感受到了归属感。

那么,什么是归属感呢?归属感是指团体中的成员都有隶属这个团体的感觉。这种心理是由人的本性需要所致,即生活在社会中的人渴求他人的友谊,得到他人的承认,个人的能力、才华均需要在团体中才能展现。

不难发现,归属感是赢得员工忠诚,增强企业凝聚力和竞争力的根本所在。打个很简单的比方,如果企业管理者在平时注重对员工的人性化管理和员工归属感的培养,那么,在企业遇到难题时,员工们一定会挺身而出,与企业共渡难关。

所以,员工的归属感对企业的发展尤为重要,那么,作为

企业的管理者,如何培养员工对企业的归属感呢?有以下三点建议:

1.注重和员工的交流,实现意见互通

我们先来看摩托罗拉公司怎么实现领导与员工的意见互通的:

1998年4月,摩托罗拉(中国)电子有限公司推出了"沟通宣传周"活动,内容之一就是向员工介绍公司的12种沟通方式。

比如,员工可以利用书面形式向公司提出各方面的改善建议,也可以参与公司的管理;可以对真实的问题进行评论、建议或投诉;定期召开座谈会,现场答复员工提出的问题,并在一周时间内给出解决方案;在《大家》《移动之声》等杂志上及时报道公司的大事动态和员工生活的丰富内容。另外,每年都会召开一次大会,在会上,公司的高层管理人员会和员工面对面探讨公司的经营问题。

古语云:上下同心,其利断金。正是这样一系列的举措,摩托罗拉让员工感到了企业对自己的尊重和信任,从而产生了极大的责任感、认同感和归属感,促使员工以强烈的责任心和奉献精神为企业工作。

2.建立安全感

"安全环境"其实就是轻松、和谐、不用担心被谴责的工作氛围。的确，人们只有在一种安全机制下，才会觉得自己可以轻松投入，而当人们觉得不安全，会有很强的自卫意识，变得担心、胆怯、敏感等。因此，作为管理者，要尝试使用各种方法为员工建立安全的工作环境，从而培养员工的团队精神，使其能创造性地解决问题。

3.让员工有成就感

只有让员工觉得自己做的是有意义的工作，他们才有奋斗的动力，因此，管理者要对员工的工作不时地进行表扬，肯定他们的工作；另外，不要忘了给员工施展才华的机会，并委以重视，让他们从工作中获得成就感。

如果企业重视员工归属感，能让员工感受到被尊重，那么，作为管理者的你，就无须时刻都对员工灌输所谓的敬业奉献，你也不用害怕员工自己管理不好自己。你应该对员工的自我管理水平抱有信心，相信他们能提高工作效率！

把员工当成合作者，员工才会把企业当自己的家

现代社会，企业与员工之间的关系是对等的，是互相选择的，员工虽然为企业工作、是企业的一员，但企业若没有员工的努力，其效益也是不复存在的。因此，我们可以说，企业与员工是相互依存的关系。企业应该把员工当成同仁、合作者，这就是著名的同仁法则。

企业管理学家认为，对公司来说，同事之间气氛越好，员工归属感越强，工作自然效率越高，领导自然高兴。

在美国的一家家庭用品公司，企业领导者都将销售人员称作"同仁"，公司非基层职位90%以上的是由公司人员填补的，公司400名部门负责人中，只有17人是从外面招聘的。公司股票购置计划也力图使全体员工都成为真正的"同仁"，所有员工都可以在任何时候以低于公司股票价格15%的幅度购买。结果，公司人才流失比零售业的平均水平低20%。

俗话说："兄弟同心，其利断金。"领导者只有让员工形成与企业共同的目标、价值观，才能同甘共苦，为将企业做大做强努力。

第06章

归属感与企业管理：如何提高员工忠诚度

在现代企业中那些聪明的领导者已经能认识到，员工不仅仅是企业财富的创造者，更是企业发展的推动者，因此，他们会把员工看作企业的合作者，而不是被雇佣者。

另外，很多企业对员工采取股权激励的方式，使员工成为企业的合伙人，这对于改善公司治理结构、降低代理成本、提升管理效率、增强公司凝聚力和市场竞争力等方面起到非常积极的作用。

管理者要认识到，员工与企业是一种对等的、相互博弈的关系。企业与员工是相互选择的，员工可以选择企业，企业也可以选择员工。并且，一旦企业发展到一定的规模并且进入正轨之后，这种双向选择还呈现出一定的稳定性。简言之，已经处于这一发展阶段的企业会选择与之发展相适应的人才，同时，也会给予人才成长和发展空间。而当员工已经成长到一定阶段并能为企业带来绩效时，他的去留对企业的作用就更为明显了。此时，会存在一些外在诱惑，被培养出来的优秀员工会产生流动，这对企业来讲将会是一个很大的损失。

事实上，现代社会，很多企业领导者已经认识到这一关系的变化，并在管理工作中实行了"合伙人"制度，为的是增强员工的"老板心态"和主人翁意识。

那么，领导者该如何在管理上体现与员工的对等的合作者关系呢？

1.让员工在企业中获得比较好的经济利益

如果连这一点都不能保证,那么,还有什么能让员工留在企业效劳呢?

2.让员工在企业中获得比较好的精神享受

如果工作氛围不和谐、工作环境复杂,员工工作时的心情也是糟糕的,此时,即便有再高的工资,员工也是不愿留在企业里。

3.让员工在企业中实现自我价值和提升自我能力

假如企业能为员工提供良好的晋升空间、良好的知识更新机会和一展拳脚的平台,那么,员工便认为自己的工作是有价值的、有意义的,也自然愿意留在企业。

4.员工预期目标和企业的长期目标吻合

员工能看到企业发展的远景,也就能看到自己的美好未来,那么,他就是有干劲的。相反,员工整天浑浑噩噩的工作,却不知自己为什么做,也不知道什么时候是出头之日时,就会离开企业。

从上述几个方面分析,决定员工是否有意愿留在企业、是否愿意为企业贡献力量,是与企业文化的打造、利益分配机制和员工的职业生涯规划等有极大的关系的。

总之,管理要人性化,视员工为同仁,这一管理原则改变了员工的职业定位,由打工者变成合作者,员工所肩负的使命感和责任感会更加强烈。领导者只需建立相应的管理标准，管理过程实施阶段性绩效考核，而不必花大量的人力物力去监督监控，这样可以让员工更加积极发挥能动性。要实现企业利润价值最大化必须以实现企业员工个人既得利益为前提，只有在充分尊重员工的基础上，才能博得员工对管理阶层的信任感、对企业的归属感，进而强化员工的忠诚度。

南风法则：温情管理让下属宾至如归

身处职场，任何一个领导者都不能离开下属的支持独自开展工作。而要取得下属的支持，就必须要对下属进行人文关怀，领导者只有正确把握好方式方法，坚持用温情管理，才能让每个员工把企业当成自己的家来经营，才会产生归属感，进而保持向上的奋斗激情，齐心协力干事创业。

法国作家拉封丹写过一则寓言：

北风和南风相遇，他们都认为自己可以把行人身上的大衣吹掉，并争论得不相上下，为此，他们决定比试一下。北方先使劲地吹，一时间，天气变冷，寒风凌冽，人们赶紧裹紧身上的大衣。然后，南风徐徐吹起，人们在一片风和日丽的天气下顿觉暖意升起，于是开始解开扣子，继而又脱掉了大衣……这便是所谓的"南风法则"。

"南风法则"也叫作"温暖法则"，它告诉我们：温暖胜于严寒，温情往往比冷酷更能打动人心。运用到管理工作中，就是要求领导者关心和尊重下属，做到以人为本，多点人情味，让下属感受到领导者对自己的关心，从而去掉心理包袱，更加卖力地工作。

的确，在倡导以人为本、尊重和关心员工的今天，以强制手段来管理员工，是不能打开员工的心扉的，更不可能真正调动起员工的工作积极性。而领导者若也能使用暖暖的南风般的温情去管理员工，让员工感受到你的亲和力，那么，员工的心会更贴近企业，更能增强企业的凝聚力和向心力。

事实早已经证明，凡是具有蓬勃生命力的企业，都有一套能让员工从内心自然接受的管理手段。所以，员工在企业工作虽有压力，但更有动力、更有希望。虽有劳累，但不觉得心累，更充满工作的快乐感、幸福感和愉悦感。在这一方面，松下公司的做法值得很多领导者效仿。

在松下，领导者处处关心员工，考虑职工利益，还给予职工工作的欢乐和精神上的安全感，与职工同甘共苦。

1930年初，世界经济不景气，日本经济大混乱，绝大多数厂家都裁员，降低工资，减产自保，百姓失业严重，生活毫无保障。松下公司也受到了极大伤害，销售额锐减，商品积压如山，资金周转不灵。这时，有的管理人员提出要裁员，缩小业务规模。

因病在家休养的松下幸之助并没有这样做，而是毅然决定采取与其他厂家完全不同的做法：工人一个不减，生产实行半日制，工资按全天支付。与此同时，他要求全体员工利用闲暇时间去推销库存商品。松下公司的这一做法获得了全体员工的一致拥护，大家千方百计地推销商品，只用了不到3个月的时间就把积压商品推销一空，使松下公司顺利渡过了难关。

在松下的经营史上，曾有几次危机，但松下幸之助在困难中依然坚守信念，不忘民众的经营思想使公司的凝聚力和抵御困难的能力大大增强，每次危机都在全体员工的奋力拼搏、共同努力下安全渡过，松下幸之助也赢得了员工们的一致称颂。

从松下的管理经验中，我们看到了温情管理为员工营造了一种和谐的工作氛围，让员工感到了家的温馨，增进了企业内部的相互信任，增加了员工对公司的忠诚感。

因此，现代企业的管理者们在对待员工时，要多点"人情味"，实行温情管理。所谓温情管理，是指企业领导要尊重员工、关心职员和信任下属，以员工为本，多点"人情味"，少点官架子，尽力解决员工工作、生活中的实际困难，使员工真正感觉到领导者给予的温暖，从而激发他们工作的积极性。

俗话说："良言一句三冬暖，恶语伤人六月寒。"做今天的"南风",是为企业的明天做准备。在竞争日益激烈的今天,只有像"南风"一样去深入、融入员工的心灵,才能营造"心齐气顺劲足家和"的局面,形成强有力的核心竞争力。

被尊重是员工产生归属感的前提

我们都知道，人性最深刻的原则就是希望别人对自己加以赏识。威廉·詹姆士说过："人类本质中最殷切的需求是渴望被肯定。"汤姆·彼得斯和南希·奥斯汀认为，管理问题从根本上讲是人的问题，领导者只有尊重每一位员工，尊重每一位员工的价值和贡献，才能充分发挥他们的积极性。对此，哈佛商学院教授罗莎贝斯·莫斯·坎特提出：管理始于尊重，任何一个领导者应该认识到，尊重员工是身为管理者必备的素养，也是获得下属尊重的前提。

这就是著名的"坎特法则"。领导者管理的对象是人，不是机器，所以企业领导人应该建立一套柔性管理机制，补充刚性管理机制的不足。坎特法则讲的就是柔性管理中的一个原则：尊重员工。

什么是尊重？关于这一问题，可能很多领导者受到传统思想的影响，不知道如何尊重下属，其实，尊重下属是指员工的身份和私人空间受到尊重，你只有做到这一点，他们才会感受到被重视，做事情才会发自内心，愿意为工作团队的荣誉付出。

老何是一家大型外企的采购部经理,他一直深受公司高层的赏识。他不仅是个工作狂,还希望他的下属也能和他一样,把所有的时间都花在工作上。

对待下属,他很严格,他要求他的下属在上班时间不得擅自离岗,不得做与工作无关的事情,不得闲聊,不得接打私人电话,所有的时间都得在工作。

他还要求自己的员工养成"早到晚退"的习惯,让员工每天陪自己加班一小时,即使员工无事可做,也都要陪伴在身边。

他总是想方设法把员工的时间占为己有,认为只有员工多做工作才能多出成绩。在他的管理下,员工总有做不完的工作,即便有些工作没有任何意义。

假如员工没有养成这种习惯,那么加薪晋职的机会就比较少,而且可能被他战略性地雪藏,再无出头之日,要么就是莫名接到调职或解雇的通知。

很多员工刚开始还能忍受这样的安排,但大家的忍耐是有限度的,他们抱怨自己完全没有私人空间,随时都被经理管制和监督,好像自己是被卖给了公司,他们的自由受到了严重的限制,他们快要疯掉了。老何的工作也因此陷入被动,士气低落、效率下降、人员流失、管理混乱等问题接踵而来。

事实上，现实中，有不少领导者和案例中的老何一样，他们认为员工喜欢逃避工作，因此必须加强管理，加强监督，甚至采取一些强制的手段，把员工的时间全部占有，让员工时刻都在自己的视线范围内。而在人性化管理被普遍提倡的今天，这种管理风格显然要受到质疑和挑战。

事实上，尊重员工，还需要你做到尊重员工的私人空间，即使是上班时间，你也不要以为可以占用员工的所有时间，因此，你不应时时刻刻监督你的员工，让他们感到窒息。你应该做的是帮助和指导你的员工做好时间管理、做好自己职责范围内的工作规划和计划、做好自己的发展计划，用计划和目标管理员工。

大部分员工都喜欢享受工作，喜欢有魅力的领导，有着高度的自觉性和进取精神，把工作视为生活中的重要内容，愿意为自己喜欢的工作付出，愿意为尊重自己的领导分忧解难。如果持续受到尊重，持续得到认可，员工们愿意和领导成为朋友，成为互相促进的工作伙伴。

那么，具体来说，领导者如何在工作中营造出尊重他人的工作氛围呢？

1.礼貌待人

无论是日常生活中还是与下属交流时,你都应该做到彬彬有礼,谈话要体现你对对方所说问题的关心。另外,千万要记住,不可表现出你的不可一世、对对方的斥责和不屑等。

2.表里如一,赢得信任

也就是说,你所表现出来的行为要与你的内心想法相一致,人们对于那些表里不如一的人尤其是领导者往往是不信任的。

3.把员工当成朋友、合作者而不是下属

对于员工来说,跟一位朋友一起工作,远较在上位者之下工作有趣得多。因此,作为企业的领导者,如果你能放下你的等级意识,去做你下级的朋友,那么,你将会有更多的快乐,也将使工作更具效率、更富创意,你的事业也终将辉煌。

为员工创造愉快的工作环境

不少企业领导者认为,作为领导就必须要保持威严,他们大概觉得这样才能赢得下属的尊重,树立起自己的权威,从而方便管理。这是走入了管理的误区。有关调查结果表明,企业内部生产率最高的群体,不是薪金丰厚的员工,而是工作心情舒畅的员工。愉快的工作环境使人称心如意,因而会工作得特别积极。不愉快的工作环境只会使人内心抵触,从而严重影响工作的效绩。怎样才能使员工快乐起来呢?美国H.J.亨氏公司的亨利·海因茨告诉了我们答案。

美国亨氏公司在全球享誉盛名,它主要从事食品的生产与销售,其工厂遍及世界各地,年销售额在60亿美元以上,其创办者就是亨利·海因茨。

1844年,亨利出生于美国的宾夕法尼亚州,很小就开始做种菜卖菜的生意。后来,他以自己的名字创办了亨氏公司,专营食品业务。由于亨利善于经营,公司成立不久之后就在业内小有名声,他也因此被誉为"酱菜大王"。到1900年前后,亨氏公司能够提供的食品种类已经超过了200种，成为美国颇具知名度的食品企业之一。

亨氏公司之所以能取得这样的成绩，与亨利注重在公司内营造融洽的工作气氛有密切关系。在当时，管理学泰斗泰勒的科学管理方法盛极一时。在这种科学管理方法中，员工被认为是"经济人"，他们唯一的工作动力，就是物质刺激。所以，按照这种管理方法，业主、管理者与员工的等级关系是森严的，毫无情感可言。

但是，亨利不这样认为。在他看来，金钱固然能促进员工努力工作，但快乐的工作环境对员工的工作促进更大。于是，他从自己做起，率先在公司内部打破了业主与员工的森严关系：他经常到员工中间去，与他们聊天，了解他们对工作的想法，了解他们的生活困难，并不时地鼓励他们。亨利每到一个地方，那个地方就谈笑风生、其乐融融。虽然他身材矮小，但员工们都很喜欢他，工作起来也特别卖力。

什么使亨利公司的员工们辛勤卖力地干活？答案是快乐！可以说，亨利公司内部，从亨利自身到基层员工，都是在快乐的氛围中工作的。在愉悦的心情下，他们的工作效率会有所提高。欧美管理学家经过对人类行为和组织管理的研究，提出了快乐工作的四个原则，即允许表现；自发的快乐；信任员工；

重视快乐方式的多样化。

那么,根据这一原则,领导者该如何为员工创造快乐的工作氛围呢?

企业若拥有良好的智力平台和沟通氛围,那么,每一个员工就都能得到有效的信息支持,他们便可以自由地获得他们所需要的信息,以帮助他们快速地实现个人能力和工作业绩的提升。

美国惠普公司创造了一种独特的"周游式管理办法",也就是鼓励部门负责人直接深入基层、接触广大职工。我们可以发现,惠普的办公室布局是独特的"敞开式大房间",即全体人员都在一间敞厅中办公,各部门之间只有矮屏分隔,除少量会议室、会客室外,无论哪级领导都不设单独的办公室,同时不称头衔,即使对董事长也直呼其名。这样有利于促进上下级之间的沟通,创造无拘束和合作的气氛。在能力所及的范围内,每个人都应该用简单的办法美化自己周边环境,让办公室变得赏心悦目。不管是工厂、卸货区或洗手间,只要彻底打扫干净,粉刷一新,都能带来新的气象,提升员工的积极性。

另外,要为员工创造良好的工作环境和文化氛围,让员工觉得为企业效力是一件愉快的事,进而能提高工作效率,为企业创造更高的业绩。

最后，你最好能做到深入员工中间去体察民情，最关键的是实行"走动式"管理。

一个整天忙忙碌碌、足不出户的领导决不是好领导，而事无巨细、事必躬亲的领导也不是好领导。领导只有从办公室中解放出来，经常深入基层，深入一线，才能了解员工的基本情况，倾听员工的真实心声，增强领导的亲和力，激发员工的积极性，提高企业的凝聚力。

员工需要肯定和赞扬，才有激情和干劲

现实生活中，人们都渴望被信任、赞赏、肯定，在这样的环境中，人们的内心也更容易受到启发，行为也会趋向这些正面、积极的方面。有人说："能力会在批评中萎缩，而在赞扬、鼓励等正面激励中发芽、生长、茁壮。"事实就是如此，人与人之间的影响力，就是靠着这样的法则不断推进的。所以，工作中，从事管理工作的领导者们，如果你懂得肯定、激励员工，那么会更易于让员工产生心理归属感，进而愿意以积极的情绪和状态进入工作状态，也有利于让员工服从于你的管理。

例如，你希望你的员工更温顺，更听你的话，那么，工作中你就不要批评、斥责他，而要多鼓励他。身为经理的吴女士，就是一个善于通过正面激励方法有效影响他人的人。以下是她的助手对她的评价：

"吴经理真是个很好的人，我是她的助手，已经在她的手下工作了两年，这期间，虽然我成长了很多，也有一定的工作

成绩，但日常工作中难免会出现错误或者不足的地方。每次我做错事或者工作中出现了失误，吴经理从来不像其他领导那样骂下属，也从不正面批评我，或者直接斥责我工作上的失误。如果我完不成工作任务，她最多会说：'我知道，这件事你已经尽力了，不用灰心，我相信明天你会完成的。'每次听到吴经理的鼓励，我都信心倍增，即使再累，我也会完成工作任务。如果我在一次谈判中有突出表现，她会主动地向我竖起大拇指，并表扬我这次做得好。在这样的领导的带领下工作，我充满了干劲。"

我们从一个下属口中听到了她对一个领导的正面评价，可以说，案例中的吴经理是个成功的领导。她正是巧妙地利用了这种赞美式的正面激励法，才充分调动了助手的积极性，进而有效地促使对方为自己服务。日常工作中，尽管很多人也能认识到正面激励产生的积极力量，但却很少有人能真正将其运用到管理工作中，更很少有人懂得如何肯定和激励员工。

安德鲁·卡耐基说："凡事自己单干，或独揽全部功劳的人，是当不了杰出领导人的。"安德鲁·卡耐基的话进一步向人们发出这样的警示——如果你不会激励对方，你便不能领导对方；当你不能领导对方的时候，那么你便不能有效地影响对方，又何谈他人为自己服务呢？

所以，如果你想有效地影响员工，必须学会激励，用正面肯定的方法将尘封在员工心底的积极性、主动性充分地调动起来。这里所指的肯定，是指领导者对下属的优点和成绩所给予的一种赞誉和褒扬，肯定是一门艺术，领导者适时、适度地肯定下属的行为是对下属的一种尊重，既利于下属扬长避短，也能有效地调动下属工作的积极性和创造性。当然，不能无原则地赞扬。那么，领导者如何肯定下属呢？具体要做到以下几点。

1.实实在在

对下属的肯定要是实在的，任何虚无的东西都是无意义的。对此，你需要深入了解员工的工作和生活，并及时了解他们的思想动态，才能言之有物。

2.肯定有度

领导者对下属的肯定要适度，不可过高也不可过低，赞誉过高极易让下属骄傲，产生飘飘然的感觉，这是不利于他们看到自身缺点和需改进之处的；还有一种情况就是会让下属觉得你是个爱说大话、空话的上司，从而对你产生不信任感；反之，如果对下属的肯定不足，则会直接挫伤下属的工作积极性。因此，肯定下属必须把握好度。

3.褒贬结合

金无足赤，人无完人。下属在工作中难免会出现一些失误或不足。因此，领导者在对下属进行肯定的同时，还应指出其失误和不足。否则，即使下属还存在需要改进的地方，他也会因为缺少自我意识而失去改进的机会。

4.符合氛围

当领导者在检查下属的工作时，使用的肯定应根据下属所取得的成绩大小以及对下属的了解程度的不同而定。若你的下属表现出了高尚的品质，你要给予充分的肯定；当领导者与下属进行一些短时间的接触时，则应简明扼要地对其突出表现或突出成绩给予肯定。

总之，肯定应当适时、适地、适度，应根据当时的时间、地点及所处的环境有选择地进行肯定，决不可说东道西，胡乱肯定一通。

心理学与归属感

信任下属，好领导"管理得少"就是"管理得好"

我们都知道，任何一个领导者，即使他的工作能力再强，也不可能独自完成所有的任务，这就要善于利用团队的力量。而领导者授权下属工作时，最重要的一点就是信任。这也属于人性化管理的一部分，尊重员工不仅要善待别人，更需要你的耐心与心理技巧。高明的领导应当从内心深处信任员工，给下属一个充分发挥的空间，鼓励下属按自己认为对的方式去做。一个缺乏信任的组织，其成员间必然心存芥蒂，团队的凝聚力被削弱，耗费的成本就会更多。

所以，信任感是领导者的重要特质，领导者必须正确地传达他们所关心的事物，他们必须被认为是值得信任的人。美国通用电气CEO韦尔奇的经营最高原则是，"管理得少"就是"管理得好"。这是管理的辩证法，也是管理的一种理想境界，更是一种依托企业谋略、企业文化而建立的经营管理平台。信任是凝聚组织共同价值观与共同愿景的纽带。

有一位大将军率兵征讨外虏得胜回朝后，君主并没有赏赐很多金银财宝,只是交给大将军一只盒子。大将军原以为是非常值钱的珠宝,可回家打开一看,原来是许多大臣写给皇帝的奏章与信件。再一阅读内容,大将军明白了。

原来大将军在率兵出征期间,有许多仇家诬告他拥兵自重,企图造反。大将军与敌军相持不下时,国君曾下令退军,可是大将军并未从命,而是坚持战斗,终于大获全胜。在这期间,各种攻击大将军的奏章更是如雪片飞来,可是君王不为所动,将所有的进谗束之高阁,等大将军回师,一起交给了他。大将军深受感动,他明白:君王的信任,是比任何财宝都要贵重百倍的。

这位令后人扼腕称赞的君王,便是战国时期的魏文侯,那位大将军乃是魏国名将乐羊。

《孙子兵法》里说道:"将能君不御。"领导就好比树根,下属就好比树干,树根就应该把吸收到的养分毫无保留地输给树干。上司和下属之间很容易产生误解,形成隔阂。一个有谋略的政治家,常常能以巧妙的处理方式显示自己用人不疑的气度,使得疑人不自疑,而会更加忠心地效力于自己。

同样,一个好的领导应该懂得放权,并做到抓大放小,在精力、时间不足时,应该懂得找到合适的人授权,使对方能为自己分忧。如果一个领导大小权力都抓住不放,事必躬亲,其结果必然是很难培养一批善于为自己工作的团队。

然而，要真正做到对员工信任是件不容易的事。因为既然是人才，都绝非是等闲之辈，都有一番抱负甚至有"狼子野心"，也很容易受到上司的怀疑。作为领导，一定得有容人之量，既然用人，就要相信下属，只有这样，才能人尽其才。

总体来说，领导者相信自己的下属，就需要做到：

1.相信下属对事业的忠诚

信任就是对下属的最大的肯定，你要相信，他们对事业是忠诚的。

2.相信下属的工作能力

在交代完任务后，你还要让下属明确自己的职责，但不要束缚他们的手脚，让他们创造性地开展工作。另外，当他们在工作中遇到问题时，你还要勇于承担责任，并帮助他们找到问题的症结所在，继而总结经验和教训，鼓励他们继续前进。特别是在企业的体制和管理方法上进行改革时，在下属遇到问题时，你一定要挺身而出，给予下属最有力的支持和帮助，将改革进行到底。

3.授权时做到"用人不疑，疑人不用"

"疑人不用，用人不疑"是领导者用人的一项重要原则。它是指企业领导对下属要充分信任，要大胆放手。一旦授权，就不能生疑，过多地干预下属的工作。但要做到这一点的前提是，你要对下属进行一番了解，确保下属有能力完成这项任务。

因此，领导者相信下属，就是要相信下属的道德品质，认可下属的工作态度，理解下属的内在欲求，明白下属的工作方法，肯定下属的工作才智，信赖下属的工作责任感，最终满足员工自我实现的欲求，达到团队合作，共谋发展。

心理学与归属感

权威效应：成为员工的精神领袖

美国心理学家们曾经做过一个实验：

某心理学家在给某大学心理学系的同学们讲课时，突然为同学们介绍一位新来的德语教师，并声称这位德语教师是一位著名的化学家。然后，这位所谓的化学家一本正经地开始了自己的化学实验，他拿出一个瓶子，说这是他新发现的一种化学物质，有些气味，请在座的学生闻到气味时就举手，结果多数学生都举起了手，而实际上，这个瓶子里装的不过是毫无气味的蒸馏水。

对于本来没有气味的蒸馏水，为什么多数学生闻到了气味呢？这是因受到了心理学家的暗示。

人们都有一种"安全心理"，即人们总认为权威人物的思想、行为和语言往往是正确的，服从他们会使自己有种安全感，增加不会出错的"保险系数"。同时，人们还有一种"认可心理"，即人们总认为权威人物的要求往往和社会要求相一致，按照权威人物的要求去做，会得到各方面的认可。在这两种心理的作用下，诞生了权威效应。

对于员工来说，他们的归属心理来源于企业、领导者给予的安全感、认同感，因此，作为领导者也可利用"权威效应"去引导和改变下属的工作态度以及行为，这往往比命令的效果更好。因此，一个优秀的领导肯定是企业的权威，或者为企业培养了一个权威，然后利用权威暗示效应进行领导。当然，必须要先对权威有一个全面深层的理解，这样才能正确地树立权威，才能让权威保持得更加长久。

那么，领导者如何才能让自己树立权威、成为领袖和榜样呢？

1.以身作则，严格要求自己

前日本经联会会长土光敏夫曾经说过："身为一名主管，要比员工付出加倍的努力和心血，以身示范，激励士气。"也就是说，作为一名领导者，要想让员工做到积极工作，做到真正为组织、企业着想，你就要做好表率作用，上行下效，员工的积极性自然也会提高。

1965年，土光敏夫出任东芝电器社长。当时的东芝组织机构还很庞大，很多人才为它效力，但也正因为人员繁杂，大家普遍士气不高，土光敏夫还发现公司有管理松散的问题，于是，他决定好好整顿东芝。

土光在进入东芝后，给了员工一个口号"一般员工要比以前多用三倍的脑，董事则要十倍，我本人则有过之而无不及"，以此来鼓舞东芝员工的士气，重建东芝。

土光敏夫是个以身作则的人。每天早上，他都提前半小时来公司，与员工一起动脑，针对公司出现的一些问题进行探讨。

一直以来，土光敏夫都强调公司员工要杜绝浪费，就这件事，他还给东芝一位董事上了一课。

有一天，东芝的一位董事想参观一艘名叫"出光丸"的巨型油轮。由于土光已看过九次，所以事先说好由他带路。

这天，刚好是假日，他们约好在"樱木町"车站门口会合。土光准时到达，董事乘公司的车随后赶到。

董事说："社长先生，真不好意思，让您久等了，我们马上坐您的车去参观吧。"很明显，董事以为土光也是乘公司的专车来的。

土光面无表情地说："我并没乘公司的轿车，我们去搭电车吧！"

董事当场愣住了，羞愧得无地自容。

原来土光为了杜绝浪费，以身作则搭电车，给那位浑浑噩噩的董事上了一课。

这件事立刻传遍了整个公司，上上下下心生警惕，不敢再随意浪费。在土光点点滴滴的努力下，东芝的情况逐渐好转。

2.敢于认错，为自己的言行负责

我们对曹操"割发代首"的故事早已耳熟能详：

三国时期，曹操发兵宛城时规定："大小将校，凡过麦田，但有践踏者，并皆斩首。"这样，骑马的士卒都下马，仔细地扶麦而过。可是，曹操的马却因受惊而践踏了麦田。他很严肃地让执法的官员为自己定罪。执法官对照《春秋》上的道理，认为不能处罚担任尊贵职务的人。曹操认为自己制定法令，自己却违反，怎么取信于军？即使他是全军统帅，也应受到一定处罚。他拿起剑割发，传示三军："丞相踏麦，本当斩首号令，今割发以代。"

一个领导者要想在员工心中树立权威，就要做到有担当，严于律己，不推功揽过，敢于承认自己的过失，当你成为一个有魅力的领导者的时候，号召力也就形成了。

第 07 章

归属感与婚恋心理：如何让爱人对你死心塌地

　　自古以来，爱情是经久不衰的主题，夫妻是一家，朝夕相处、共吃一锅、同床共枕，双方能够走到一起肯定是因为对方让自己有归属感，但毕竟夫妻是两个不同的个体，有很多迥异的部分，这就好比牙齿与舌头同处一口，也有打架相咬的时候，夫妻之间也是一样，甚至有时在人生观、价值观等方面都有可能左右相持。在这个时候，我们就应当做到求同存异，互相尊重、理解、并保持沟通，这才能给予对方长久的归属感，也是经营幸福婚姻的真谛。

主动去爱人，你才能感受到归属感

有人说，爱情是这个世界上最贵的奢侈品，因为它稀缺，的确，谁都渴望美好的爱情，都希望找一个能与自己相互扶持的另一半，然而，并不是每个人都有勇气大胆追求爱情，尤其是女性，一直以来，在爱情的世界里，很多女人都显得太过矜持，她们害怕被拒绝而失去面子，因此总希望男人都主动发出爱的信号，总认为女人就应该站在原地，让男人主动走过来告诉她"我爱你"。在她们看来，主动表达爱是一件没面子的事，总认为一旦自己主动了就失去了主动权。在这一套没有任何事实依据的爱情理论面前，很多女人左右观望、左等右盼，最终的结果是让爱人离自己远去。

事实上，在幸福面前，无论性别，我们每个人都应该大胆点、勇敢点，说出内心的感受，要知道，主动去爱一个人，才会从中获得归属感和满足感，才会感受到真心的喜悦。

在电视剧《我们无处安放的青春》里，戴妍是个容颜姣好、性格活泼的女孩，在一次学校会演中，她喜欢上了一个叫葛俊的民乐系学生。从此，她努力地追求自己的爱情。

她常常去看葛俊演出，演出结束后，她又不屈不挠地跟在葛俊后面，不论葛俊怎样不理不睬，她都穷追到底。她的主动几乎逼得葛俊没有拒绝的余地。

校园里，总是上演着戴妍满校园地追着葛俊跑的一幕。戴妍不会因众人怪异的眼光和嘲笑而打退堂鼓。她就是这样勇敢地追着爱情跑。

当葛俊拒绝了她后，她依然没有泄气。一天晚上，戴妍把葛俊堵住，说："听着，我给你两个选择，和我谈恋爱，或者让我加入你们的乐队，你的考虑时间有两天。过了时限按弃权处理，到时我会帮你选择一个答案。"

她主动追求爱情的勇气，让葛俊动容，最后两人走在了一起。

戴妍的主动追求能否得到对方真心的回报，那都是后话，但至少她的主动为自己赢得了一次幸福的机会，让葛俊接受了她。如果只知等待他人来爱自己，不知自己去追求所爱的人，那将难以获得爱情的幸福。因此，面对自己喜欢的人，不要再被动等待，而应主动去追求，这样你一定会收获属于自己的幸福，同时你的情感、内心也就保持平衡了。

在恋爱初期，一般都是男人主动发出求爱攻势，女人选择接受或者不接受。然而，并不是所有的男人都是大胆的，有些男人比女人更羞怯，也有一些男人是性格豪放但粗心，他们根本不懂与女人猜心思，你一味地矜持只会让他觉得你并未中意于他，最终他们很可能因为你的态度而放弃这段感情。因此，如果你想获得幸福，不妨放下不好意思的心理吧，有爱就要说出口。

有一个年轻人，长相帅气，为人厚道，但就是有个缺点，做事优柔寡断，就连追女孩子也是如此。

一天，他很想到他的爱人家中去，找他的爱人出来，一块儿度过一个下午。但是，他又不知道他应该不应该去，怕去了太冒昧，或者他的爱人太忙，拒绝他的邀请，但是他又很想念他的爱人，于是他左右为难了老半天，最后，他勉强下了决心。

但是，当车一进他爱人住的巷子时，他就开始后悔不该来：既怕这次来了不受欢迎，又怕被爱人拒绝，他甚至希望司机现在就把他拉回去。车子终于停在他爱人家的门前了，他虽然后悔来，但既然来了，只得伸手去按门铃，现在他只好希望来开门的人告诉他说："小姐不在家。"他按了第一下门铃，等了3分钟，没有人答应。他勉强自己再按第二次，又等了2分钟，仍然没有答应，他如释重负地想："全家都出去了。"

于是他带着一半轻松和一半失望回去，心里想，这样也好。但事实上，他很难过，因为这一个下午没有安排了。

他万万没有想到的是，他的爱人，原本就在家里，这个女孩从早晨就盼望这位先生会突然来找他，她不知道他曾经来过，因为她家门上的电铃坏了。

故事中，这个年轻人如果不是那么患得患失、瞻前顾后，如果他像别人有事来访一样，按电铃没人应声，就用手拍门试试看的话，他们就会有一个快乐的下午了，但是他并没有下定决心，所以只好徒劳而返，让他的爱人也暗中失望。

事实上，从人的内心角度看，人们都希望自己爱的人主动对自己表达，并认为只有这样，才能把握爱情中的主动权，而如果我们一味地坚持所谓的矜持，那么，只能白白让爱蹉跎，甚至离自己而去。总之，在爱情的世界里，无论男女，都要遵循自己内心的想法，对于自己爱的人，一定要大胆地告诉他："我爱你！"

试想一下，当你与爱人一起偎依在夕阳下的时候，也许你会发现，正是你当初的那一股子热血，才让你没有错失一份美好的爱情！

给予安全感，让对方感到你是可以停靠的港湾

生活中，我们经常会提到"安全感"一词，的确，在恋爱与婚姻中，我们的爱人要的就是安全感，只有得到安全感，对方才会觉得你是可以停靠的港湾，才认为你是他的归属，才愿意一辈子守在你身边不离不弃。

生活中，我们发现有这样的情话对白：

"你爱我吗？"

对方的回答一般是："爱。"

而接着，这个发问的人会继续追问："那爱我哪里？"

"哪里都爱。"

这个回答似乎合情合理，但实际上，对方会有一种被敷衍的感觉。有些人会说，爱一个人是没有理由的，实际上则不然，爱一个人会留心观察对方，包括恋爱中的每一个细节，至于那些"爱我哪里"的问题，如果你回答："我最爱你的一头秀发，当初，在人群中，就是这一头秀发吸引了我。"或者："我爱上的是你不一般的才气，一个女人，容颜易老，但这种由内而外散发的诗书气，是不会改变的。"相信这样的回答，

第 07 章
归属感与婚恋心理：如何让爱人对你死心塌地

定使对方心里充满安全感。可见，爱表达得越真实，越细腻，也就越能给对方信任，对方也就越有安全感。

小丽与李涛可谓青梅竹马，两小无猜。随着他们慢慢长大，心虽相知但表面却似有了距离。原因是李涛家穷，小丽的父母不愿他们相好，怕他们的女儿受苦，李涛知情，自感愧怍，埋藏了心中的爱情之火，小丽多次约李涛，他都借故推托。李涛心想，他们虽都有了爱慕之心，但并未挑明，为了不耽搁小丽的前程，还是永远不挑明的好。当小丽的父母要为她找对象时，小丽决心无论如何都要跟李涛认真谈一谈。这天，她终于堵住了李涛，刚要挑明话题，李涛就要离开。小丽知道李涛的想法，便对李涛说："我看了一首诗，觉得很好，但又不完全理解，想叫你给我讲讲。"李涛问她是什么诗。于是小丽取笔写下："上邪，我欲与君相知，长命无绝衰。山无陵，江水为竭，冬雷震震，夏雨雪，天地合，乃敢与君绝！"李涛一看，沉默一阵说："东风恶，欢情薄。"小丽知道这是陆游的词句，是说家人是他们爱情的障碍，便说："我读不懂的诗，就是我的誓言，陆游与唐婉的故事不会重演。"李涛默默地点头，他们在苦涩地泪水中拥抱。

小丽在李涛不敢正视现实、回避爱情之时，巧用古诗质疑，表露心迹，让李涛知晓她对爱情的忠贞不二，给了对方安全感，最终，有情人终成眷属。

可能不少人又会感叹——我该怎么做才能让他（她）有安全感呢？对此，你可以尝试以下几个方法：

1.宣誓法

可能在恋爱的过程中，有些人会说自己不相信诺言，但如果我们的爱人不对自己许诺，我们则完全没有安全感。通常来说，在情感上，女子更含蓄些，表现出娇嗔、自尊，但又带有过于羞涩、执拗的特点。男子则显得外露、炽热、感情奔放。所以一般来说，男孩为了获得女孩子的芳心和信任，都会在爱情渐入佳境时对女孩宣誓。但也有一些情感热烈的女孩，她们性格大方，也会向心上人做出爱情的承诺。

2.不要对爱人唱"我只在乎你"

的确，任何人都不能承担另外一个人的未来，即使这两个人再相爱，因此，我们在和爱人谈未来的时候，不要说："如果没有你，我会活不下去"或者"你离开我，我就去死"之类的话。即使谈婚论嫁，爱情也应该保持一定的距离，双方才能如沐春风。

3.温暖的肢体接触

为何恋人们都喜欢牵手？因为这样亲密，让人感觉踏实。人其实都有肢体接触欲望，男人女人都一样。想要拥有对方掌心、怀抱的温暖。所以，不要吝惜拥抱和十指相扣。

4.适时的嘘寒问暖

每个人都需要他人尤其是爱人的关心，但是过分的关心会让他不胜其烦。对方苦恼的时候，你好好充当垃圾桶的角色就可以了。有时爱人需要的只是一个能够诉说的对象，说完了就释放出来了，并不一定要求结果。

5.让爱人的家人朋友都欣赏你

长辈们实在是厉害，眼睛超毒，如果你能赢得爱人的家人、朋友的欣赏，简直就打通了一半。有赞赏你的人，在很多事情上你都会得到很多帮助。

6.搞清楚和异性朋友的分界

无论男女，都应该有自己的朋友圈子，但是和异性玩暧昧肯定是让我们的爱人最痛恨的。如果你对别的异性不好意思拒绝，那么，迟早你的爱人就会毫不怜惜地拒绝你。爱情都是自私的，我们总是希望我们的爱人始终出现在自己的视线当中。你可以让你的爱人知道你来往的朋友是谁，你们可以事先沟通好，大家在信任的基础上互相给对方空间。

总之，为了能够给爱人安全感，我们也需要把握好分寸和方式方法，我们只有把话说得真实、情感真挚，才会打动对方，让对方领会我们的爱！

婚姻中的不理解容易导致伴侣归属感的缺失

我们都知道，婚姻爱情生活中，免不了磕磕碰碰，每遇到婚姻中的问题、双方吵得不可开交时，我们都会说："为什么你就是不理解我。"其实，我们忽视了一点，婚姻本来就是基于两个完全不同的个体组织起来的，婚姻需要相互包容，夫妻之间无论如何，都要学会心平气和地沟通，如果关闭了沟通这道门，就会造成不理解。此时，不理解意味着我们无法知道对方真心需要什么，这也是导致伴侣归属感缺失的主要原因之一。不得不说，婚姻中的归属感，是让我们一回家就能卸下一切、只做自己，这才是归属感带来的关系里的舒适度。如果我们不被理解，就需要重新披上面具和外衣，久而久之，归属感也就缺乏了，婚姻也会出现危机。

小吴和笑笑是一对情侣，两人的性格可以说是互补关系。小吴性格开朗，喜欢结交朋友。笑笑刚好相反，无论什么时候，她都是一副文静的样子，就连笑起来，都显得那么秀气，她很不喜欢与外界打交道。

第 07 章
归属感与婚恋心理：如何让爱人对你死心塌地

小吴有一个最大的爱好，那就是跳舞，每个周末他都会去跳舞，这个爱好令笑笑头痛。因为她最讨厌在这种环境待着，如果可能，她会选择在家看书或睡觉来打发时间。可是，小吴每次都要拉着她一起去，非得让她坐陪，美其名曰："有个美女坐在台下观战，我会跳得更加起劲！"

此刻，笑笑独自一人坐在台下，看着台上疯狂的小吴，她有些不满，她决定无论如何要与他摊牌，以后她再也不会到这种场合来了。于是，回家路上，笑笑说道："没想到你的慢四跳得越来越好了，不过我还没看够呢，要不你今天就一路跳回去吧！"听到这里，小吴做个鬼脸："你还真想累死我啊，亏你想得出来，那我得跳到什么时候才能到家啊？深更半夜的，你也不怕我被强盗打劫啊！"听了他的话，笑笑趁机说道："你怕什么啊，一个大老爷们，刚才你把我一个人扔下的时候，你都不怕我被人占便宜吗？"听到这里，小吴才明白，原来笑笑是对陪他来跳舞这事不满呢，赶紧追上笑笑赔不是。

小吴与笑笑是一对情侣，双方性格不同，自然爱好也就不同。性格开朗的吴明喜欢跳舞，每次都要拉上笑笑。然而，笑笑虽然生气却并没有吵闹，而是借用幽默的方法来表达不满，让小吴自己意识到错误。这样一来，不仅问题得到解决，小吴也会更喜欢这个女友。

177

所以，处于婚恋中的人们都要明白一点，一定要学会站在对方的角度看问题，学会理解和包容对方才是婚姻长久的根基。

无论男女双方，都需要记住：

1.女人要信任男人

生活中，我们常提到"信任"一词，可以说，信任是爱人之间感情存在的基础，一对互不认识的男女恋爱靠信任，由恋爱进入婚姻的殿堂也是要信任，任何一个男人，都希望自己的妻子或女朋友能够充分信任自己，而猜忌是感情的最大杀手，而事实上，猜忌也是婚恋中的女人的通病，在我们的身边，我们似乎总是看到这样一些看似"精明"的妻子，她们翻看丈夫的公文包，探询丈夫的行踪，查阅丈夫的手机信息，试图为自己的猜想找到蛛丝马迹，结果往往酿成一场场家庭悲剧。

有些人的猜疑心、控制欲是与生俱来的，而且缺乏安全感，在婚恋中表现得更加明显，尤其是现代社会，诱惑真的很多。假如你因缺乏自信而心生多疑，因担心男人而处处设防，甚至通过一些私人物品来捕风捉影，那么很容易激怒对方。爱需要自由的空间，再坚固的爱情都经不住质疑，感情一旦产生信任危机，便岌岌可危了。这一点，对于任何一个女人来说，都要上好这一堂课。

2.男人要体谅和理解女人

可能很多男人在婚前都对女友百般疼爱,尤其是在追求爱情的过程中更是使出浑身解数,说尽各种甜言蜜语,但一旦结婚,似乎就有一种"既成事实"的感觉,认为只需要赚钱养家、给老婆充足的物质生活即可,实际上,婚姻中的女人同样需要各种体谅。很多男人常说,女人是一种奇怪的动物,你根本无法了解到她内心想的是什么。的确,男人很难读懂女人,更难读懂自己的妻子,也许没有用心去读过。其实,女人是可爱的,也是脆弱的。而人群中,你最关心的女人——你的妻子,常常可能也会让你感到疑惑,可能她嘴里问你为什么不表示意见,心里却生怕你表示意见。她嘴里叫你滚开,心里却想你把她搂得更紧一点。

总之,爱就像一颗种子,在充满猜忌、自私的环境里,爱会枯萎消失,在相互尊重、接纳、诚恳的环境里,爱会茁壮成长。

妻子与丈夫沟通，应以尊重为前提

俗话说，男怕入错行，女怕嫁错郎，反过来，男人也希望自己娶个"对"的妻子，有人说，男人娶了什么样的妻子，就等于选择了什么样的人生，这句话不无道理。《菜根谭》的作者洪应明就说过："悍妻诟谇，真不若耳聋也！"人生在世，短短数十年，最重要的就是要有一份恬淡的心情，而这一份美好只有和睦的家庭才能给予。对于男人来说，他们最终娶回家的妻子一定是让他们有家庭归属感的，能让他们心情放松的，那么，怎样的女人能让男人有归属感呢？婚恋专家指出，在男人对女人提出的各大要求中，摆在首位的就是尊重男人，可见，对于女人来说，时刻尊重男人是经营婚恋关系的第一条件。

任何一个好女人都明白，男人最看重的是面子，因此，即使她再优秀，她也是丈夫的妻子，她需要懂得尊重自己的爱人，不会在公共场合辱骂自己的丈夫，更不会在吵架时说伤害丈夫自尊的话。的确，对于男人来说，面子就是尊严，像一把无形的枷锁套住了男人的脖子。为了面子，男人什么苦都可以吃，什么罪都可以受，什么都能为之付出！因而，有人说，男人什么都可以丢，就是不能丢了面子，也有人说男人的面子是女人给的，那么作为妻子的你，该怎样给足男人面子呢？

一次，女王维多利亚忙于接见王公，却把她的丈夫阿尔倍托冷落在一边。丈夫很生气，就悄悄回到卧室。不久有人敲门。丈夫问："谁？"回答："我是女王。"门没有开，女士又敲门。房内又问："谁？"女王和气地说："维多利亚。"可是门依然紧闭。女王气极，但想想还是要回去，于是再敲门，并婉和地回答："你的妻子。"结果，丈夫马上笑着打开了房门。

维多利亚女王是位很伟大的女性，可是她在丈夫面前也是一个妻子，她和她的丈夫是平等的。

当然，给足男人面子，不是让女人委曲求全，而是在恰当的时间和适当的场合，给男人体面。

从前有个笑话，说有个男人是"妻管严"，在家为了讨妻子高兴，在纸牌上写了3个大字——"怕太太"，每天回到家里就挂在脖子上。有一天，家里来了客人，他竟忘了摘下，被客人看见了，惊问怎么回事，这位老兄只好说："我老婆怕我呗，我为了让她知道这一点，就让她天天看着念'太太怕'。"

而在这时，妻子正好推门而入，这位先生窘得满脸通红，不知道如何说，此时的妻子赶紧说："老公，你把咱家这点丑事都抖落出去了，我多没面子呀！"丈夫一听，松了口气，对妻子投去赞许的目光，而在场的其他人，也对男人竖起了大拇指，一个个取经，问这位先生是怎么做到的。

这位妻子是机智的，她发现丈夫为了给自己解围，把这三个字倒过来念，这与事实情况完全是不符的，但为了给丈夫面子，她并没有拆穿丈夫，而是配合他把戏演完。面对这样明理的妻子，恐怕这个丈夫每天将"怕太太"的纸牌挂在脖子上都是愿意的。

所以，聪明的女人应该这样做：

1.经常展现你的温柔

任何一个男人都希望自己的妻子不仅能干，还要温柔，因为男人都喜欢征服，从而显示自己男性的魅力，而女人的温柔正是满足了男性的这一心理需求。那些好莱坞的大女主，回到家里，未必不乐于扮演小鸟依人的角色。换言之，何不把展现柔弱当作日日拼搏中的一个假期？

2.不要在公共场合挑剔他的言行

如果他的生活细节和礼仪上做的有什么不妥的地方，那么，要悄悄地替他圆场，而不是当众指出来。

3.不要当着你的朋友暴露男人的隐私

即使是开玩笑也不行，男人是爱面子的，这些朋友下次可能就会拿着这点隐私开男人的玩笑，那时就不好收场了。

4.在他人面前，不要随便唠叨和训斥对方

在丈夫的上下级面前，不要随便责怪对方。而在孩子面前，这点更重要。如果互相指责、揭短，就会在孩子面前失去威信。

5.即使他犯了错，也要在可原谅的范围内宽容他

谁都会犯错，你的丈夫也不是圣人，因此，只要无伤大雅，完全可以一笑置之。给他点面子，满足他的虚荣心，像宽恕一个犯错的孩子一样宽恕他，他会觉得你很善解人意。

6.当他在朋友面前吹牛时，不妨装装傻

如果他在你面前吹嘘他曾经陪同某个重要领导人考察，赚过多少钱，你大可不信，但千万不要打击他的"谈兴"，你揭了他的老底就是让他有失"尊严"。有时候，男人宁愿死也不可以没有"尊严"，为了尊严，男人可以和最好的朋友翻脸。当然，男人有时候也可以不要"脸"，目的却是为了以后更"有头有脸"。

男人的面子，就等于男人的自尊与自信。聪明的女人学着给自己的男人留足面子，自己同样会享受到其中的成果，他会更尊重你，更珍惜你。给男人面子，等于给自己留下余地，让自己变得温柔体贴，让他变得阳刚潇洒，快乐也就无时不在。

大胆拥抱你的爱人，用肢体语言表达你的爱

根据马斯洛的需求理论，我们知道，任何人都不可能只是靠吃饭穿衣这些基本生理需求就能活下去的，更多的时候，我们需要的是精神上和心理上的关爱，研究显示，孩子缺少拥抱的话，就算物质生活优越，长大后也会有一些心理问题。成年人更是如此，亲密的触摸让我们感到温暖、踏实，经常得到爱抚的人，大多性情善良、温柔，内心宁静安详。女人天性柔弱，更加需要一个温暖的怀抱带来安全感。

琳琳和子君是一对夫妻，按说两人工作稳定，收入不错，小日子应该过得有滋有味儿。然而琳琳却总是抱怨，认为子君并不是真心爱自己。当别人询问其缘由时，她的回答让人倍感新鲜："原来恋爱的时候，他还知道时常拉拉我的手，我难过的时候还会抱抱我。可现在他回到家里啥表示都没有，我还不如沙发让他感觉亲切呢。出门的时候我想拉拉他的手，可他却很不耐烦地说，不要拉拉扯扯的。哎！女人结婚之前是金子，结婚以后还不如沙子呢！"

听了妻子的埋怨，子君非常委屈："天啊，我每天下班已经很累了，再说我们都已经结婚这么多年了，难道爱情非要天天拉着手才能延续下去吗？当男人真累。"

女人是一种感性动物，在她们的意识里，爱情永远都不能缺少浪漫的情调。当两人走进婚姻的殿堂后，男人就不由自主地将注意力转向事业，认为养家糊口是自己义不容辞的责任，让妻子过上好日子才是真正爱她。女人却仍然没有从恋爱的感觉中走出来，瞬间的冷热变化会令她们内心产生巨大的落差。甚至有时候她们宁愿没有珠光宝气的生活，也要丈夫回家能抱抱自己——拥抱能让人产生安全感，女人最缺乏的就是安全感。

很多人认为，一个长期得不到别人拥抱的人是孤独的，一个长期不去拥抱别人的人是冷漠的，感情也是枯竭的。拥抱往往能给人以莫大的心理安慰和被爱的感觉。因此，作为男人，回家后还是应该抱一抱妻子，特别是当她难过的时候，一个拥抱比多少句"我爱你"都能令她感到安慰。

其实每个人都需要别人通过身体上的接触给自己以关怀，女人如此，男人也是如此。当我们在工作中遇到困难或坎坷时，如果有位一起努力的同伴极为信任地拍拍你的肩膀，你就会燃起从头再来的激情。赛场上，这种身体接触的需要更加鲜明。比赛开始之前，我们经常看到队员们手拉手相互鼓励、相互支持，这可以唤起队员的集体荣誉感和团队合作意识。

小陈和豆豆是一对人人羡慕的情侣，谈起他们的相识和相爱，还有一段曲折离奇的故事。

小陈当时在北京的一家公司上班。豆豆正是因为面试才认识的小陈，虽然面试没有成功，但却和小陈成了好朋友。你来我往间，情愫渐生。

豆豆毕业后，小陈已经不在北京上班了，而此时的豆豆也没有在北京找工作的打算，后来，通过联系才得知，小陈居然去了自己老家的一家公司，于是，豆豆头脑一热，也回去了，见面成了自然而然的事情。

第一次正式约会那天非常热，豆豆的方位感很差，直到上完大学，仍然只知道左右而不了解东南西北，通着电话，却彼此找不到对方。在相约见面的地方迂回了1小时后，终于胜利会师。但是此时豆豆已经晕头转向、气急攻心并且有严重的中暑倾向，见到小陈以后，也不管是不是第一次约会，也顾不得什么矜持不矜持了，她对小陈说："我快休克了，英雄能不能先借我肩膀用一下。"小陈先是愣了一下，然后扶着豆豆走进一家快餐店解暑。

从此以后，王子和公主开始了幸福的生活。过了很长时间，小陈很纳闷地问为什么第一次见面就借肩膀。豆豆告诉他："当你还距离我150米的时候，我已经快晕倒了，最近看的武侠小说比较多，所以顺口就说出来了，幸亏你没有被我吓跑。"

这个故事中，我们发现，豆豆就是一个敢于大胆追求爱情的女孩，毕业以后的她，为了自己的爱人，主动去对方工作的城市生活，并且，在约会时，她也是大大咧咧，直接表达了自己的感受，她的一番幽默，体现了她的大方，让她赢得了爱情。

在生活中，其实每个人都有被人关心的渴望，身体的接触则是这种渴望最直接的表达方式，如果有些人不善于用言语坦白自己的内心，不妨就拿出一点行动，去关爱别人、关爱生活、关爱每一个细小的美好。

第 07 章
归属感与婚恋心理：如何让爱人对你死心塌地

别让夫妻成为最熟悉的陌生人

可能很多人都发现了一个奇怪的现象，热恋中的情侣都如胶似漆，好像有说不完的甜言蜜语。而一旦结了婚，除了生活中的必要语言，他们就不再有过多的交谈了，甚至无话可说。导致这一问题的原因在于我们忽视了沟通是婚姻中最重要的仪式。

我们发现，周围的一些人，他们在外面可以和领导、同事、客户、朋友、同学分享各种生活感受、人生经历，偏偏回到家就没话对另一半说，久而久之，两人的共同话题越来越少，就算能够分享，也仅限于家务事。从婚前的千言万语到婚后的三言两语，两人渐渐成为"最熟悉的陌生人"，看上去客客气气，其实没有心灵的沟通，很难想象，这样的婚姻怎么能让人有归属感和安全感，又如何能长久幸福。

刘女士最近因为婚姻问题很伤脑筋，对此，她的亲人们把她和丈夫拉到了一起，找出问题的症结所在。

"我爱人是个以事业为上的人，总是忽略我的感受，甚至认为没有必要去主动关心我,因为他已经提供给我很好的物质生活。这种没有爱情的婚姻比发生了婚外恋的婚姻更让人无法忍受,所以我也被弄得没什么兴趣和他说话了。"

对此,陈先生的回答是:"她是个性格内向的人,习惯把所有的话都埋藏在心里,不交流。也许她的内心有着太多的念头和想法,但她却没有任何要和我分享的打算,对朋友说的话总是比跟我说的多。我们的夫妻生活也是平淡无味。我曾去咨询过心理医生,医生分析说,她这样的人其实相当脆弱,并且害怕伤害,常常自我封闭。这些年不知道是不是受她的影响,我也变得沉闷不说话。"

后来,刘女士表态,她心里也十分想与丈夫沟通,但一直太矜持,觉得应该由丈夫主动解决。不过庆幸的是,在亲友们出面的情况下,她决定心平气和地与丈夫进行一次沟通。而目前,刘女士正积极地接受与美容相关的培训,为自己寻找一份工作。

从这个故事中,我们可以看出,只有主动的沟通,才能及时解决婚姻生活中出现的种种问题,才能避免矛盾的淤积。那些正在享受幸福婚姻或是遭遇婚姻障碍的人都有着相同的感受:牢固、美满的婚姻是建立在坦诚的沟通之上的。

心理学家指出,爱情需要经营,结婚以后也一样,夫妻之间对生活的感受也要经常分享。夫妻双方来自不同的家庭，有不同的成长经历、文化背景、社会关系，导致双方价值观、思维方式、生活需求及解决问题的方式等存在差异，这些差异在恋爱阶段不易发现，婚后一起生活的时间长了，则越来越多地暴露出来。而良好的沟通会使双方彼此了解、相互适应，有助于建立牢固的婚姻。

一位美国资深婚姻专家说："没有不良的婚姻，只有不良的沟通。"在现实生活中，婚姻的许多问题正是由于沟通不良引起的。对此，浙江大学一位社会学教授也表示赞同：很多婚姻的破裂，就像《中国式离婚》中两位主人公一样，是由于生活中的种种误会、矛盾没能及时沟通解决，日积月累，最终使婚姻走到破裂的边缘。

要维系一段好的婚姻关系并不是不可能的，但关键不在于你是否够幸运能遇到一个不会有问题的爱人，而是你是否能在相处中学会沟通与成长，化危机为转机。所谓的沟通，不是要你说服对方顺从你的想法，而是要了解对方的想法，并找出异同之处，求同存异。而成长，也不是一味地指出对方的缺点要求他改变，而是要接纳对方所指出自己的缺点，从改变自己做起。

关于婚姻中的沟通，有几点需要我们记住：

1.学会沟通和谈判

沟通让对方了解你有什么需要、愿望、变化和感受,这是夫妻保持关系畅通、活跃的重要方式。

2.当一方面临挑战时应共同面对

夫妻双方应该是互动、和谐、互助的。当爱人脆弱的时候,你应该帮助他坚强起来,渡过难关。

3.精心呵护情感才能百年好合

当发生争吵时,如果是你的问题,你就要主动真诚地道歉,有了良好的认错态度后,对方自然会虚心地自我批评,一个和好的表示都可以舒缓双方气愤的情绪,甚至因为得到沟通,宣泄了负面情绪而加深理解和热情。

4.保持活力才能天长地久

永恒的幸福就是能够始终保持赤诚炽热的感情关系。如果有一部分失去了,你要再造它,如果破坏了,你要修复它。经常给你的婚姻注入新鲜活力,婚姻才能长盛不衰。

总之,夫妻之间过多的争论只会伤害感情,可以向对方多提一些希望和建议,而不是无休止的埋怨和批评。保持幸福婚姻的技巧不是与生俱来的,需要在生活中不断学习,在生活过程中去获得。学会给自己的爱情充充电吧,敞开心扉,打开话匣子,表达自己,让对方了解,你会发现原来和爱人分享生活感受是那么美好。

第 08 章

归属感与亲子教育：让孩子在爱的环境下成长

我们都知道，家是我们归属感产生的地方，父母是孩子的天，家庭的环境、父母的态度会直接影响孩子的成长，所以，家长想要正确地引导孩子走向成功还是要有正确地做法。然而，我们发现，不少家长在教育孩子的时候总是按照自己的意愿，控制孩子的思想，一旦孩子做得不好，就冷暴力对待甚至体罚孩子，其实这都是家长教育孩子的误区，相反，我们只有给孩子足够的爱，相信孩子，孩子才会对家庭产生归属感，才不会辜负我们的期望，朝着积极健康的方向发展。

用心庇护孩子，增强他的家庭归属感

人活于世，都需要一种归属感，人们强烈地希望自己归属于某一组织或者个人。而我们最初的需求是感受到来自生育了我们的父母的爱。随着我们不断成长、与社会的接触逐渐增多，我们的归属感就更强烈，但在与人交往的过程中不免受到伤害，比如被人不留情面地批评，或者感觉被人排斥、压力过大或者精神极度疲劳时，父母要让孩子知道你永远是他的依靠，永远是他的港湾。

孩子毕竟是孩子，当他们失意时，需要我们父母的安慰和庇护，而如果我们不能满足孩子的这一心理需求，孩子就有可能到别的地方寻求庇护，并可能通过危险的非法方式获得乐趣和身份，后果不堪设想。很多孩子离家出走，误入歧途就是因为得不到父母的认同和慰藉。

那么，家长应该怎样去增强孩子的家庭归属感呢？

1.和孩子保持交流

交流沟通能力在促进人们社交健康、情感健康和个人成功方面起着关键作用。如果父母不与孩子交谈，孩子可能将之理解成对他的忽视。所以，家庭中的沉默会给他的自尊、自我价值感以及他对未来家庭关系的信任带来毁灭性的影响。

孩子在生活中受挫的时候，需要父母的鼓励，否则会导致他严重的受挫感。如果家长接纳孩子的感受，孩子就可能学会接纳、控制、应对自己的感受。另外，家长也可以帮助他提出要求。比如对他说："我想你现在很难过，给你一个拥抱，你会觉着好点吗？"这样的话能让他放松地表达自己的想法："我现在心情不好，我想得到一些安慰。"

2.做他最后的庇护者

当你的孩子正处于困难时期，当他再也无法忍受、筋疲力尽无法继续伪装坚强之时，他需要一个藏身之所，某个地方，某个人，会成为他最后的庇护所。在这里，他可以展示真实的自我；在这里，至少在很短的一段时间，没有人要他负责任，他被无条件地接受；在这里，他可以真正放松下来，因为他知道，有人愿意帮他分担，让他得到解脱，是他坚强的后盾。

家是孩子最后的庇护所，父母应该成为孩子最后的庇护者，因为父母对孩子非常重要，虽然在某些时候或情况下，家长可能觉得自己缺乏足够的情感储备，不能为孩子们提供所需要的慰藉。其实，这个时候，你不用对你孩子说些什么或者做些什么，而应该好好考虑一下，除了与他保持亲近外，他是否还需要你为他做些什么。要让他恢复对自己的信心，其实并不需要付出太多的努力。

（1）当你的孩子请求原谅时，请接受并尽力忘记那些不愉快的事情。

（2）为他提供庇护，并不意味着你对那些已经发现的问题视而不见、不理不睬。

（3）积极主动，想他之所想——预见他的感受，如果你认为他需要，主动给他以安慰。

（4）在平日里，找个机会开诚布公地告诉他，家永远是他最后的庇护所。

3.给面临压力的孩子以支持

压力不仅仅困扰着成年人，事实上，孩子面临着双重的压力。一方面，他要承受来自自身生活中的事件，比如欺凌、学业和交友问题的压力；另一方面，他还受到心事重重、缺乏忍耐的父母的间接影响。面对压力，他们可能比成年人更加迷茫而不知所措。

一位母亲说："我过去认为我孩子挺好的。尽管他孤僻了些，但他看起来生活得不错。后来，在备考中考的时候，他开始逃避一切事情。如今他不学习，整天关在家里，也不说话。我们的生活真的是一团糟。"

这个孩子的表现就是压力过大造成的,如果你的孩子长时间地难过或者郁郁寡欢,超出了你的预期,或者变得富有攻击性,离群索居或者不愿与人交往,睡眠不安,注意力不集中,或者过分依附他人,这时,他可能正感到痛苦难过。此时,你应及时告知他事情的变化及做出的决定,以便使他感觉到没有失去控制自我的能力,保持生活节奏不变,以强化他的安全感。

孩子毕竟是孩子,他们需要父母的精心呵护;只有给予他足够的爱,他才会理解爱的内涵,才会积极健康、乐观向上地成长,这不正是父母所希望的吗?做孩子坚强的精神后盾,他的成长才有保障!

为孩子打造温馨和睦的家庭环境，给足孩子安全感

不得不承认，我们每个人从呱呱坠地开始，就归属于一个家庭，家庭也是人出生后最初的教育场所。父母的性格、教育方式、教育观念，在家庭中所处的位置以及所扮演的角色等对一个人性格的最终形成有非常重要的影响。从这个意义上说，家庭环境对孩子的成长尤为重要。

曾经有篇报道，讲述的是一个十几岁的男孩，这名男孩学习成绩不错，但就是喜欢打架。一次，他和班上的一位男同学因为一件小事起了争执，最后俩人大打出手，这个男孩直接抄起椅子砸了对方的头，导致这位同学当场毙命。

事后，他不但被学校开除，还进了劳教所。

这起事很快被报道，且引起了广泛的社会关注，人们谈起这件事，说的最多的还是这个孩子的家庭环境，原来这个男孩在很小的时候，母亲就改嫁了，而继父脾气暴躁，经常对他和母亲拳脚相加，久而久之，他学会了以暴制暴。

第08章
归属感与亲子教育：让孩子在爱的环境下成长

我们不得不承认，在孩子的成长过程中，总是会遇到这样那样的问题，需要父母进行引导，而最重要的家庭教育方式莫过于给孩子一个轻松有爱的家庭环境，只有在这样的环境下，才能教育出脾气好、修养好的孩子。

所以，给孩子一个良好的成长环境是让孩子健康成长的关键。瑞典教育家爱伦·凯指出：环境对人的成长非常重要，良好的环境是孩子形成正确思想和优秀人格的基础。这个故事也充分说明了家庭环境对人的性格形成影响之大。

每个孩子，只有在温馨、和谐的家庭环境下，才会感觉到轻松安全、心情舒畅、情绪稳定，这有利于孩子形成良好性格。因此，从这一点看，家庭中的父母长辈，也都应该以快乐的情绪生活，并为孩子营造温馨和睦的家庭氛围。

父母们要记住：孩子的优秀品行不是与生俱来的，而是适应环境条件培养出来的。曾经有专家对一批婴幼儿进行跟踪调查，调查表明，那些成长于和谐温馨的家庭氛围中的儿童，有这样一些优点：活泼开朗、大方、勤奋好学、求知欲强、智力发展水平高、有开拓进取精神、思想活跃、合作友善、富于同情心。

而另外有一项调查表明，在少管所中，不少孩子的父母不和，经常吵架，甚至离异，全然无视对子女的教育，严重影响了孩子的身心健康发展，致使孩子走上邪路。

家庭成员间的关系会对孩子在以下两个方面产生影响：

一方面，那些幸福温馨的家庭中，成员之间是互相信任的，在这样的环境中，孩子终日耳闻目睹，会潜移默化地形成热情、诚实、善良、正直、关心他人等优良性格品质。

另一方面，在这样的家庭环境中，成员之间是互相爱护的，对于孩子，他们也是疼爱有加的，因此，除自己的学习和工作外，有更多的精力关心孩子，有利于孩子的智力开发、知识经验积累以及能力的提高，为今后的学习打好基础。

为此，教育心理学家给家长提出以下建议：

1.为孩子营造和谐的家庭环境

父母和其他家庭成员之间相亲相爱、关系和谐，是融化孩子所有心理问题的前提，在这样的环境下成长的孩子出现心理问题的概率更小。对此，专家建议，家长应为孩子提供安定、和谐、温馨的家庭氛围，要让孩子一颗纷乱的心安定下来，这样孩子才会接纳来自父母的帮助。

2.无论遇到什么事，家长都要情绪稳定

居家过日子，家庭矛盾在所难免；人际交往中也可能出现矛盾，但不可把不良的情绪带回家。家长有空时还可以陪孩子一起玩耍、散步，在家里多谈些轻松愉快的轶闻趣事，说些孩子感兴趣的影视剧、体育等话题。

我们的孩子犹如一株花苗，在一个和谐的家庭中才能健康地成长，才能含苞待放。为了孩子，也为了全家的幸福，父母长辈们也应该随时保持好心情，从而为孩子创造良好的成长环境。

总之，健康的家庭情感、和谐的家庭气氛可以给孩子良好影响，每一位家长都应从孩子形成优良的个性品质、健康发育成长的责任出发，致力于营造一个温馨和睦的家庭环境。

接纳孩子的情绪，孩子才愿意说

任何父母，都希望孩子把自己当朋友，向自己吐露心声，但事实上，很多父母发现，孩子什么都不愿意跟自己说，而如果自己强求孩子"开口"的话，也许上演的就是一场口水战了，实际上，我们应该反思，孩子愿意说，你是否真的愿意听呢？

事实上，正是因为一些父母总是端着长辈的架子、不愿意听孩子说，孩子没有被接纳的感觉，也就不再愿意与父母沟通了，而聪明的父母都会懂得倾听，引导孩子发表自己的意见，让孩子畅所欲言。

东东爸爸发现，他的孩子东东今年变得越来越不听话了，经常在学校惹事，他也经常被老师请去，这不，东东又在学校打架了。回家后，爸爸并没有训斥孩子，而是心平气和地把孩子叫到身边。

"我知道，老师又把你请去了，我今天肯定少不了一顿打。"儿子先开了口。

"不,我不会打你,你都这么大了,再说,我为什么要打你呢?"爸爸反问道。

"我在学校打架,给你丢脸了呀。"

"我相信你不是无缘无故打架的,对方肯定也有做的不对的地方,是吗?"

"是的,我很生气。"

"那你能告诉爸爸为什么和人打起来吗?"

"他们都知道你和妈妈离婚了,然后就在背地里取笑我,今天,正好被我撞上了,我就让他们道歉,可是,他们反倒说的更厉害了,我一气之下就和他们打了起来。"儿子解释道。

"都是爸爸的错,爸爸错怪你了,以后别的同学那些闲言闲语你不要听,努力学习,学习成绩好了,就没人敢轻视你了,知道吗?"

"我知道了,爸爸,谢谢你的理解。"

可以说,东东的爸爸是个懂得理解与倾听孩子心声的好爸爸,孩子犯了错,他并没有选择粗暴的责问、无情的惩罚,而是选择了倾听。倾听之中,表达了对孩子的理解,让孩子感受到了爱、宽容、耐心和教导。试想,如果他在被老师请去学校以后就大发雷霆,不问青红皂白地将孩子打骂一顿,结果会是怎样呢?结果可能是父子之间的距离越来越远,孩子的叛逆行为也可能越来越明显。

事实上,现代社会,随着人们生活步伐的加快、竞争压力的加大,作为家长,为了能给孩子一个优越的生活环境,常常由于工作忙碌,而忽视了与孩子多沟通,陪孩子一起成长。父母是孩子的第一任老师,也是孩子接触时间最长的朋友,在孩子成长的过程中,最需要的就是父母的关心,最愿意与之交流的也是父母。如果缺少父母的理解,那么,亲子关系就会越发紧张,甚至对孩子的成长还会产生不利影响。

可见,父母不愿倾听、理解孩子,最终结果可能是失去了"倾听"的机会。常有家长这样抱怨:真不知道我家孩子是怎么想的,总是不肯好好听我说话。对此,父母应该反问自己:作为家长,你有没有听过孩子说话?我们把大量的时间用来批评和教育孩子,却忽略了倾听。父母应该做的不仅仅是为孩子提供良好的物质生活环境,也应该去倾听孩子的内心,让彼此间的心灵更为亲近。

其实倾听的过程,不仅仅是给孩子一个说话的机会,父母也可以从中得到极大的乐趣。不要因为被生活中的一些琐事束缚而放弃这个机会。听孩子说话的时间也许足够你做一顿饭,打扫一间屋子,或是写一份工作报告,但是却会让父母和孩子错失一个构建良好亲子关系的大好机会。

为此,教育心理学家建议我们家长:

1.放下父母的架子，平等地与孩子沟通

倾听的首要前提就是要和孩子平等地对话，这才能达到双向交流的作用，和孩子发生矛盾在所难免，但要等孩子把话说出来，再提出解决的办法，这才会让孩子感受到尊重。

作为父母，一定要放下架子，主动与孩子交流，然后认真倾听，只有让孩子体会到家长对自己的尊重，孩子才能更加信任家长，达到和家长以心换心、以长为友的程度。当孩子对家长完全消除隔阂、敞开心扉时，交流的过程将是一种非常美好的享受。

2.摒弃成见，孩子的想法未必不正确

作为大人，很多时候，会认为孩子的想法是不对的，甚至是不符合常规的，抱着这样的心态，在倾听孩子说话的时候，会有一种先入为主的想法，会把孩子的话摆在一个"幼稚可笑"的立场，孩子自然得不到理解。其实孩子也是人，孩子也有一颗丰富的心灵，我们要特别注意倾听他们的心声。

3.向孩子传达你专注倾听的态度

当孩子产生一些不良情绪时候，做父母的就要察觉出来，然后主动接触孩子，运用停、看、听三部曲来完成亲子沟通这个乐章，"停"是暂时放下正在做的事情，注视对方，给孩子表达的时间和空间；"看"是仔细观察孩子的脸部表情、手势和其他肢体动作等非语言的行为；"听"是专心倾听孩子说什么、说话的语气声调,同时以简短的语句反馈给孩子。

可能你的孩子做的不对,但作为家长,不要急于批评孩子,应该在倾听之后,对孩子表达你的理解,在孩子接纳你、信任你之后,你再以柔和坚定的态度和孩子商讨解决之道,从而教育孩子反省自己,帮助他从错误中学习成长。

其实,每一个孩子都希望得到父母的理解,因此,从现在起,每天哪怕是抽出2小时、1小时,甚至是30分钟都好,做孩子的听众和朋友,倾听孩子心中的想法,忧其所忧,乐其所乐,当孩子有安全感或信任感时,就会向其信任的成年人诉说心灵的秘密。这样,才有可能经常倾听到孩子的心灵之音,你的孩子才会在你的爱中不断健康地成长,快乐地度过童年!

第 08 章
归属感与亲子教育：让孩子在爱的环境下成长

父母离异，如何防止孩子归属感的缺失

对于任何一个成长期的孩子来说，他们都希望能在一个幸福且完整的家庭里成长，都希望父母相亲相爱，在这样的环境下成长，他们才会真正的快乐，但父母关系破裂、离婚对于心智尚未成熟的孩子来说，确实是一个不小的打击，很多孩子会瞬间认为自己失去了家、不再被父母爱，这会对他们的成长产生极大的负面影响，不过父母也有追求幸福的权利，所以，一些父母会产生疑问，难道要为了孩子选择维持名存实亡的婚姻吗？当然不完全是，对于尚能挽救的婚姻，父母要努力经营，但如果到了非要离婚的地步，就要多为孩子考虑，尽量把即将带给孩子的伤害减到最小。

事实上，越是离异家庭的孩子，越需要父母更多的爱，唯有给他们更多的爱，才能弥补父母离异对他的伤害。

10岁的优优很可爱，无论谁初次见到她，都会忍不住和她多说几句话，但接下来，优优就会表现出很悲伤的样子，甚至你怎么逗她，她都不笑，于是，很少有小伙伴和同学愿意和

她玩。

其实,优优很可怜,她刚出生,父母就离婚了,爸爸把她交给保姆带,而这个保姆除了定时给优优做饭外,也不怎么和优优说话。现在的优优已经形成了一种悲观的性格,她渴望被人关心,渴望和人说话。

从心理学的角度来分析,优优之所以会容易悲伤,与父母对她的教育有极大关系的,她的父母因为离婚而没有给她足够的爱,正是因为对爱的渴望让她逐渐养成了这种性格。

其实,孩子是脆弱的,他们犹如一张白纸,父母给他们怎样的成长环境,他们就会有什么样的个性、性格,而我们的孩子,只有细心地呵护,他才会以积极阳光的心态、自信的精神面貌对待生活中的任何事。而如果父母离异,在孩子幼小的心灵里,他们会认为家庭破碎,他们会缺乏安全感,此时,如果父母再不关心他们,给他们爱,孩子会认为自己被父母遗弃,小小的心灵更会蒙上一层阴影。那么,夫妻离婚,该如何让孩子理解呢?

为此,儿童教育心理学专家建议:

1.即使离婚也不要在孩子面前互相指责

父母离婚,无论是什么原因,都不要在孩子面前互相抱怨或者攻击对方,让孩子认为你们之间存在仇恨,反而,你要在孩子面前表现得宽容，让他知道即使父母离婚了也依然爱他。父母矛盾不断只会让孩子感到苦恼，不知道谁是对的，谁是错的，最终会出现情感和行为分裂问题，使其人格成长受到影响。严重的会导致心理问题，乃至心理障碍和心理疾病。

2.共同协商孩子的教育问题

（1）经济方面：孩子要接受教育和培养，就要有物质上的付出，对于这一问题，父母不可推卸责任，也不可因为内心亏欠孩子而溺爱他，这样只会有损于孩子的成长。

（2）孩子成长中的重要事件：什么时候读幼儿园、小学去哪里读、孩子学习成绩差要不要请家教、大学要读什么专业、以后出不出国等问题，最好都由父母共同协商。

3.经常参加孩子在学校的活动

孩子的学校生活中，少不了一些公共活动，比如家长会、运动会，在家长看来，这可能是无关紧要的小日子，但却是孩子成长过程中的大事，对于这样一些时刻，父母最好都在场，而对于孩子的生日，父母更要与孩子一起庆祝。这样，你的孩子就会明白，父母离异是他们自己的事情，他并没有因此失去父母，要告诉孩子爸爸妈妈都很爱他，也让孩子学会用语言表达自己的情感。

4.了解孩子的精神需求

抚养孩子，并不是只给孩子吃饭、穿衣即可，父母尤其是要对孩子的精神层面的需求给予充分满足；一定要抽时间陪伴孩子，哪怕只是陪着他们玩耍（这一点没有离异的家长也经常忽略）。

5.要充实自己的生活

离异的父母如果不打算再婚的话，最好也有自己的工作或者其他兴趣爱好，也可以找一个伴侣，这样，你才不会因为空虚而把所有精力放到孩子身上，以至于给孩子造成太大的心理负担。也有一些父母认为不找伴侣是对孩子好，其实不然。一个没有正常情感生活不快乐的人很难保持自我身心的平衡，不免将自己的不快乐情绪传染给孩子，反而不利于孩子的健康成长。

月月是个很可爱的孩子，她原本生活在一个衣食无忧的家庭里，他的爸爸是一家公司的高管，母亲是家庭主妇，但就在她七岁的时候，她的爸爸妈妈离婚了，原因是爸爸出轨，后来，月月由其母亲独自抚养。妈妈把全部希望都寄托在月月身上，要她好好读书，日后成为一个有作为的人。

虽然妈妈对月月寄托了很大的希望，自己省吃俭用供月月读书，但是月月的成绩总是很差。妈妈想尽一切办法帮助月月，可还是不见起色。后来经过观察，妈妈发现跟家庭氛围有关。妈妈性格内向，加上离婚，还有生活的压力，所以总是愁眉不展，因此，家里总是笼罩着一层沉重的气氛。月月的爸爸也偶尔会来看望月月，但和妈妈说不到三句话就开始吵架，在学校的时候，月月感觉周围的人都在嘲笑她，久而久之，心灵蒙上了阴影，月月也有了沉重的心事。

当然，要做到以上几点，对于父母来说很考验他们的综合素质，尤其是情商，父母必须要有足够的耐心对待孩子，以及很好的人际关系处理能力，所以如果一些父母认为自己无法处理离异后孩子的教育问题的话，可以咨询专业人士，获得他们的帮助，只有让自己尽快恢复正常生活，才有足够的心理能力不让孩子承受父母离异的痛苦。只有快乐的人，才能培养出身心健康的孩子。

如何帮助有生理缺陷的儿童克服内心自卑

我们都知道，自信对于一个人的成长极为重要，而自卑则对人的身心产生消极的影响，而一个人内心的自卑来源于很多方面，其中就有生理上的缺陷。的确，随着孩子的成长，到了一定年纪时，越来越开始关注自己的身体，如果一个孩子有生理缺陷，他不但可能会面临生活上的不便，比如行动不便、视力问题或者外貌上的缺陷，还有可能要承受来自周围异样的目光。对于这类孩子而言，他们父母也唯有给他们更多的爱，才能化解生理缺陷给他们带来的伤害。

"我女儿今年10岁，孩子自生下来后，身体一直比较好，她8岁左右的时候，有别的同学叫她矮冬瓜，因为孩子的身高确实比同龄人矮一截，这可能是基因决定的，我和她爸爸个头都不高。自尊心太强的孩子从小就心理压力很重，但她从来没有给家长说过些。一直到今年，我们发现女儿不爱说话了，放假也不出去，后来老师告诉我们，女儿在学校也不合群，我知道，女儿一定是自卑了，我想带女儿去看心理医生，但她坚决不去,我也在网上多方查看这方面的信息,想尽办法开导她,情况才有所好转,但改变不大,至于她的心理问题能不能彻底解决还是一大难题。"

身高上的不足使这个女孩处于极度自卑之中,而父母又发现的晚,以至于女孩出现了心理问题。

其实,作为父母,我们自身也知道,健康、漂亮的外表,能让我们更加自信,而生理缺陷会让人产生自卑,我们的孩子也是如此,为此,他们需要我们的引导。

儿童心理学家建议我们:

1.让孩子正确认识什么是美

爱美之心,人皆有之,但因为美丽的外表而获得的自信却不是真正的自信。父母应该在孩子还小的时候就给他传输这样的观念,尤其是那些对自己身体不满或者有生理缺陷的孩子,不要畏畏缩缩,总想把自己藏在人群里。

2.帮助孩子树立一个精神榜样

欢欢是一个有听力障碍的女孩,但无论做什么事情她都充满自信,自告奋勇当班长,报名舞蹈班学舞蹈,积极与老师讨论自己的解题思路……当老师问起欢欢的父母是如何让欢欢如此自信时,欢欢的爸爸说起了那段经历:

欢欢刚上学的时候也非常自卑，因为她觉得同学们会因为这点而不愿意跟她交朋友。

欢欢总是闷闷不乐的，妈妈怕她这样下去身体和心理都会受到伤害，便用她的偶像——海伦·凯勒来激励她："你知道凯勒阿姨为什么这样优秀吗？"

"为什么？"

"不仅是因为她出色的写作能力，还有她的自信。尽管她有生理上的障碍，但是她自信，她对任何事都满怀着信心，用最积极的态度去做，所以她成功了。不信你可以看看她的书。"

女儿真的读起海伦·凯勒的书来，就是从那时起女儿不再那么自卑了。

3.鼓励孩子敢于表现自己

我们可以和老师沟通，让老师在上课时为孩子安排坐在前面的位置，坐在前面能建立信心，对简单问题的正确回答则会让孩子们觉得自己表现突出，久而久之，这种行为就成了习惯，自卑也就在潜移默化中变为自信了。

4.发挥长处，回避短处

我们要善于发现孩子的长处，并为他们提供发挥长处的机会和条件。老师要十分注意让孩子回答他们擅长的问题，答对了就让全班的小朋友为他鼓掌。这样，他们很容易就会认为自己是很棒的、是受老师的关注的。

5.引导孩子正视是非言论

有生理缺陷的孩子在生活中可能受到一些非公正待遇，对此，即便是我们成人恐怕都难以承受，何况是一个孩子，但我们要告诉孩子，无论是谁，即使是那些身体健康、外表美丽的人，他们也有可能被人议论，我们不可能做到让所有人都喜欢，既然如此，又何必在意别人的是非评价呢。帮助孩子摆正心态，孩子的自信心会获得增长。

总之，对于生理有缺陷的孩子，我们更要关注，更要给予爱，只有让孩子认识到真正的自信来自内心，他才会真正坚强和自信起来，才能快乐地成长。

参考文献

[1]罗伯特·迪尔茨.归属感[M].庞洋，译.北京：北京联合出版有限公司，2019.

[2]季羡林.心安即是归处[M].苏州：古吴轩出版社，2020.

[3]布琳·布朗.归属感[M].邓樱，译.北京：中信出版社，2019.

[4]水岛广子.我们都是一样的孤独[M].王晓蕊，译.北京：中国纺织出版社有限公司，2018.